MATHEMATICS

數　學（一）

楊維哲

學歷：國立臺灣大學數學系畢業
　　　國立臺灣大學醫科肄業
　　　普仁斯敦大學博士

經歷：國立臺灣大學數學系主任
　　　數學研究中心主任

現職：國立臺灣大學數學系名譽教授

蔡聰明

學歷：國立臺灣大學數學研究所博士

現職：國立臺灣大學數學系兼任教授

三民書局

ⓒ　數　學　（一）

著 作 人	楊維哲　蔡聰明
發 行 人	劉振強
著作財產權人	三民書局股份有限公司
發 行 所	三民書局股份有限公司
	地址　臺北市復興北路386號
	電話　(02)25006600
	郵撥帳號　0009998-5
門 市 部	(復北店)臺北市復興北路386號
	(重南店)臺北市重慶南路一段61號
出版日期	初版一刷　中華民國八十五年二月
	三版一刷　中華民國一○五年五月
編 號	S 312000

行政院新聞局登記證局版臺業字第○二○○號

有著作權·不准侵害

ISBN　978-957-14-6038-3　（第一冊：平裝）

http://www.sanmin.com.tw　三民網路書店

※本書如有缺頁、破損或裝訂錯誤，請寄回本公司更換。

編　輯　大　意

一、 本教材係依四學分編寫，每週授課四小時。本書標有“＊”部分，教師可視學生
　　 程度斟酌授課與否。

二、 本書力求銜接國中數學，特別注重數學的實驗的、觀察的、歸納的一面，由一
　　 些實例的求解，才引出數學概念與方法的發展。最後，再透過數學的觀念網，
　　 回頭重新觀照經驗世界的山河大地，更有效地解決問題。這種由經驗世界出發，
　　 創造出觀念與方法，再回歸到經驗世界，形成一個迴路，乃是數學或科學的求
　　 知活動之常軌。我們遵循此常軌，儘量避免為數學而數學的毛病。期望在這整
　　 個過程中可以啟發學生的分析、綜合、類推、歸納、計算、推理……諸能力。

三、 本書儘可能採用數學史上有趣的名例以及日常生活的實例來講解，以符合趣味
　　 性、實用性與應用性，提高學習興趣。

四、 本書的行文力求親切細膩，由淺入深，尋幽探徑，期望達到自習亦可讀的地步。
　　 學習就是儘早學會自己讀書的習慣。

五、 將日常生活或大自然的現象加以量化、圖解化、關係化就產生了各種數的概念、
　　 方程式、函數、幾何圖形與微積分等等，這些題材就構成了本書的骨架。

六、 本書使用者，無論是教師或學生，如有改善高見，請逕函三民書局，俾便再版
　　 修正，至所企盼。

數　學（一）

目　次

編輯大意

附錄　三角函數表

第一章　實數與集合

在本書的開頭，我們要介紹**數 (number)** 與**集合 (set)** 這兩個最基本的數學概念。為了表達物理量的大小或多寡就產生了**數**的概念，把我們所要討論的對象整個合在一起看待就得到一個**集合**，例如偶數全體、某班同學。

數的概念之發展，從最簡單的**自然數** 1, 2, 3, ⋯ 開始；加進 0 與負數，就得到**整數** ⋯, −3, −2, −1, 0, 1, 2, 3, ⋯；再加進分數（如 $\frac{2}{3}$，$\frac{9}{7}$, $-\frac{6}{5}$, $-\frac{1}{2}$ 等等），就得到**有理數系**；最後再加進無理數（如 $\sqrt{2}$, $\sqrt{3}$，π, $\frac{1+\sqrt{5}}{2}$ 等等），就成為**實數系**。

數系最要緊的結構就是四則運算 (+, −, ×, ÷)，大小順序關係。偶而還會涉及取絕對值與開方的演算。

集合是近代數學的基本語言。在數學中，最常見的集合是由各種數所組成的。本章我們只是要介紹集合的概念、描述法、記號用法、演算與圖解，這些都是最常用且最有用的基本常識。

1–1 從自然數到實數

甲、數系及其延拓

在日常生活中，由於**點算 (count)** 物品的數量以及**排序**（ordering，第一名、第二名、⋯⋯）的需要，自然地就產生了**自然數系**：

$$1, 2, 3, 4, \cdots$$

這是人類最早就學會的數。

自然數又叫做**正整數**。−1, −2, −3, ⋯ 叫做**負整數**。正整數、負整

數以及 0，整個合起來叫做**整數系：**

$$\cdots, \; -3, \; -2, \; -1, \; 0, \; 1, \; 2, \; 3, \; \cdots$$

假設 m 與 n 為整數，並且 $n \neq 0$，則稱 $\dfrac{m}{n}$ 為**有理數**。例如 $\dfrac{3}{4}, \dfrac{-5}{6}$ 都是有理數。因為整數 m 可以表成形如 $\dfrac{m}{1}$ 之有理數，所以整數也是有理數。在有理數系中，不是整數的數就叫做**分數**。

分數可以表成**小數**。例如

$$\frac{3}{4} = 0.75, \quad \frac{17}{8} = 2.125$$

叫做**有限小數**，而

$$\frac{5}{6} = 0.8333 \cdots = 0.8\overline{3}$$

$$\frac{8}{7} = 1.142857142857 \cdots = 1.\overline{142857}$$

叫做**無限循環小數**。反過來，有限小數與無限循環小數必可化成分數。

進一步，$\sqrt{2}$ 與圓周率 π 都不能表成兩個整數之比值，所以它們不是有理數，我們稱之為**無理數**。$\sqrt{2}$ 與 π 表成小數時，

$$\sqrt{2} = 1.414213 \cdots, \quad \pi = 3.141592 \cdots$$

為**不循環的無限小數**。因此，一個數若不能表達成兩個整數之比，或表成小數時，為不循環的無限小數，就叫做**無理數**。例如，將自然數按序排成小數

$$0.123456789101112 \cdots$$

這是一個無理數。

有理數與無理數合稱為**實數**。我們將實數的分類列成下表：

$$
實數
\begin{cases}
有理數
\begin{cases}
整數
\begin{cases}
自然數（正整數）1, 2, 3, \cdots \\
0 \\
負整數 -1, -2, -3, \cdots
\end{cases} \\
分數（有限小數或無限循環小數）\quad -\dfrac{1}{2}, \dfrac{10}{7}, \dfrac{11}{74}, \cdots 等
\end{cases} \\
無理數（不循環的無限小數）\sqrt{2}, \sqrt{3}, \pi 等
\end{cases}
$$

隨堂練習　按上述的分類法，指出下列各數是什麼數？

$$4, -3, \frac{5}{3}, -\frac{2}{7}, \sqrt{4}, \sqrt{8}, \sqrt{0.25}, 2\pi$$

對於任意兩個實數 a 與 b，我們可以考慮它們的和 $a+b$、差 $a-b$、積 $a \cdot b$ 及商 $\dfrac{a}{b}$（此時必須要求 $b \neq 0$），所得的結果仍然是實數。換言之，實數在**四則運算** $(+, -, \times, \div)$ 之下，具有**封閉性**。

乙、實數的運算律

設 a, b, c 為任意三個實數，對於加法與乘法，下面的**運算律**成立：

(1) $a+b = b+a$, $a \cdot b = b \cdot a$　　　　　　　　　　（交換律）

(2) $(a+b)+c = a+(b+c)$, $(a \cdot b) \cdot c = a \cdot (b \cdot c)$　　（結合律）

(3) $a \cdot (b+c) = a \cdot b + a \cdot c$　　　　　　　　　　（分配律）

(4) 存在唯一的實數 0，叫做**加法單位元素**，使得

$$a+0 = a, \quad a \cdot 0 = 0 \qquad （零的特性）$$

(5) 存在唯一的實數 1，叫做**乘法單位元素**，使得

$$a \cdot 1 = a \qquad （1 的特性）$$

(6) 對於任意實數 a，恆存在唯一的 $-a$，叫做 a 的**加法反元素**，使得

$$a + (-a) = 0$$

(7)對於任意實數 $a \neq 0$，恆存在唯一的 a^{-1}（或記為 $\dfrac{1}{a}$），叫做 a 的 **乘法反元素**，使得

$$a \cdot a^{-1} = 1$$

這些運算律都可以看成是「直觀自明的」(self-evident)。利用它們，就可以證明「負負得正」的規則，例如

$$(-3) \cdot (-7) = 21$$

定理1

設 a, b 為任意實數，則

(1) $-(-a) = a$

(2) $a \cdot (-b) = (-a) \cdot b = -(ab)$

(3) $(-a) \cdot (-b) = a \cdot b$

證明 (1)因為 $a + (-a) = (-a) + a = 0$ 對任意實數 a 都成立，故將 a 換成 $(-a)$ 亦成立，即

$$(-a) + (-(-a)) = 0$$

由此得

$$(-a) + a = 0 = (-a) + (-(-a))$$

換言之，a 與 $-(-a)$ 都是 $(-a)$ 的加法反元素，而加法反元素是唯一的，故 $a = -(-a)$。

(2)因為 $b + (-b) = 0$，故

$$a \cdot [b + (-b)] = a \cdot 0 = 0$$

由分配律知

$$a \cdot b + a \cdot (-b) = 0$$

故 $a \cdot (-b)$ 是 $a \cdot b$ 的加法反元素。又因為 $-(ab)$ 也是 $a \cdot b$ 的加法反元素，而且加法反元素是唯一的，故

$$a \cdot (-b) = -(ab)$$

同理，將 a 與 b 的角色對調可得

$$(-a) \cdot b = -(ab)$$

(3)由(1)與(2)知

$$(-a) \cdot (-b) = -(a \cdot (-b)) = -(-(ab)) = a \cdot b$$

丙、實數的大小關係

關於實數的大小關係，以下面的基本規則為基礎：

(1)三一律：對於任意兩實數 a 與 b，下列三種情形恰好只有一種成立：

$$a < b, \ a = b, \ a > b$$

(2) $a < b \Leftrightarrow a - b < 0$

$a = b \Leftrightarrow a - b = 0$

$a > b \Leftrightarrow a - b > 0$

(3) $a > 0, \ b > 0 \Rightarrow a + b > 0, \ a \cdot b > 0, \ \dfrac{a}{b} > 0$

(註：記號 "$p \Rightarrow q$" 表示由 p 可以推導出 q，"$p \Leftrightarrow q$" 表示 "$p \Rightarrow q$ 且 $q \Rightarrow p$"。)

設 a 為一個實數，若 $a>0$，則稱 a 為**正實數**；若 $a<0$，則稱 a 為**負實數**。若 $a>b$ 或 $a=b$，則記成 $a \geq b$ 或 $b \leq a$，叫做 a 大於等於 b 或 b 小於等於 a。若 $a \geq 0$ 則稱 a 為**非負實數**。

定　理 2

設 a, b, c, d 為四個實數，則

(1) $a>b,\ b>c \Rightarrow a>c$

(2) $a>b \Rightarrow a+c>b+c,\ a-c>b-c$

(3) $a>b$ 且 $c>0 \Rightarrow ac>bc,\ \dfrac{a}{c}>\dfrac{b}{c}$

　　$a>b$ 且 $c<0 \Rightarrow ac<bc,\ \dfrac{a}{c}<\dfrac{b}{c}$

(4) $a>b,\ c>d \Rightarrow a+c>b+d,\ a-d>b-c$

證明　我們只證(1)，其餘的留作習題。

$$a>b,\ b>c \Rightarrow a-b>0,\ b-c>0$$

所以

$$(a-b)+(b-c)=a-c>0$$

$$\therefore a>c$$

隨堂練習　試證定理 2 的(2)～(4)。

由定理 2 的(3)知，不論 $a>0$ 或 $a<0$ 都可以得到 $a^2>0$。另外，$a^2=0 \Leftrightarrow a=0$。

> **定　理 3**
>
> 對於任意實數 a，恆有 $a^2 \geq 0$，並且
>
> $$a^2 = 0 \Leftrightarrow a = 0$$

例 1　設 a 與 b 為任意兩實數，且 $a^2 + b^2 = 0$，試證 $a = b = 0$。

證明　由 $a^2 \geq 0$, $b^2 \geq 0$ 可知

$$a^2 + b^2 \geq a^2 \geq 0$$

再由 $a^2 + b^2 = 0$ 得 $0 \geq a^2 \geq 0$。

於是 $a^2 = 0$，$\therefore a = 0$，

從而 $b^2 = 0$，$\therefore b = 0$。

習　題　1-1

1. 將下列分數化為小數：$\dfrac{3}{5}$, $\dfrac{22}{7}$, $\dfrac{7}{20}$, $\dfrac{9}{40}$, $\dfrac{31}{5}$。

2. 將下列循環小數化為分數：$0.\overline{412}$, $7.23\overline{43}$, $1.\overline{6}$, $4.\overline{57}$, $0.\overline{9}$。

*3. 證明 $\sqrt{2}$ 為無理數。

4. 試證 $a \cdot 0 = 0$ 對任何實數 a 都成立。

5. 設 a, b 為實數，試證 $(a+b)^2 = a^2 + 2ab + b^2$。

1–2 實數的絕對值與平方根

甲、絕對值

設 a 為一個實數，我們定義 a 的絕對值為

$$|a| = \begin{cases} a, & \text{當 } a > 0 \text{ 時} \\ 0, & \text{當 } a = 0 \text{ 時} \\ -a, & \text{當 } a < 0 \text{ 時} \end{cases}$$

換言之，正實數的絕對值等於其自身，零的絕對值等於零，負實數的絕對值等於其變號數。我們可以更簡潔地定義絕對值為

$$|a| = \begin{cases} a, & \text{當 } a \geq 0 \text{ 時} \\ -a, & \text{當 } a < 0 \text{ 時} \end{cases}$$

例 1 $|3| = 3,\ |-3| = 3,\ |0| = 0$

定 理 1

設 $a,\ b$ 為兩個實數，則

(1) $|a|^2 = a^2$

(2) $|a| \geq 0$

(3) $|-a| = |a|$

(4) $|ab| = |a| \cdot |b|$

(5) $|a + b| \leq |a| + |b|$

(6) $-|a| \le a \le |a|$

(7) $\left| \dfrac{a}{b} \right| = \dfrac{|a|}{|b|}$，但 $b \neq 0$

隨堂練習　求下列各數的絕對值：4, -5, 2.8, -3.2, $-\pi$。

乙、實數線

　　讓我們採用幾何度量的觀點來了解實數。作一直線，並且在其上取一點 O，參見圖 1–1，再取一個單位線段（人為的單位），那麼我們就可以度量直線上任一點至原點 O 的距離。一般我們規定，原點右邊的方向為正的，原點左邊的方向為負的。

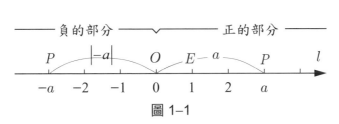

圖 1–1

　　我們稱 O 點的<u>坐標</u>為 0。其次，在 O 點的右方取 $\overline{OE}$ 等於單位線段之長，我們就記 E 點的坐標為 1。在直線上任取一點 P，如果 P 點在 O 點的右方，並且

$$\frac{\overline{OP}}{\overline{OE}} = a > 0 \tag{1}$$

則記 P 點的坐標為 a。若 P 點在 O 點的左方，則記 P 點的坐標為 $-a$。(1)式的比值，不是有理數，就是無理數。有理點與無理點已經窮盡直線上所有的點，亦即直線上每一點都對應一個實數（稱為該點的坐標），並

且每一個實數都對應直線上一點。因此，實數與直線上的點可以看作是一回事。一條直線賦予實數的坐標之後，就叫做**實數線 (real line)** 或**實數軸**。

一個實數 a 的絕對值 $|a|$，就表示 a 點到原點的**距離**。更一般來說，在實數線上任取 A, B 兩點，其坐標分別為 a 與 b，則

$a < b$　表示 A 點在 B 點之左側

$a > b$　表示 A 點在 B 點之右側

$a = b$　表示 A 點與 B 點重合

$\overline{AB} = |a - b|$

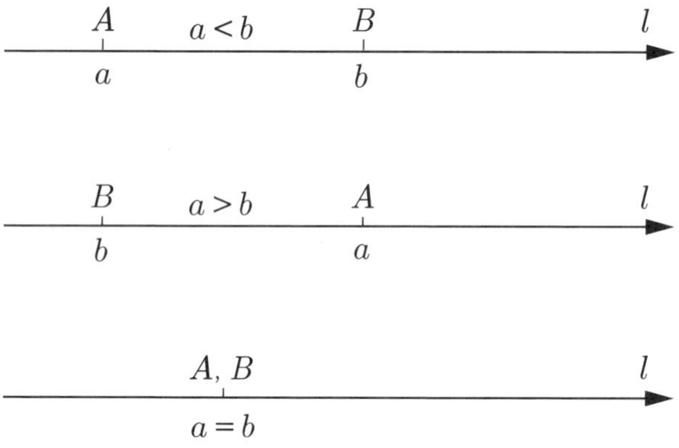

圖 1–2

丙、平方根

方程式 $x^2 = 9$ 的**解答**（或**根**）為 $x = \pm\sqrt{9} = \pm 3$；而 $x^2 = 2$ 的解答為 $x = \pm\sqrt{2}$。

我們稱 $+3$ 與 -3 為 9 的**平方根**，而 $\sqrt{9} = 3$ 為 9 的**正平方根**。同理，$+\sqrt{2}$ 與 $-\sqrt{2}$ 為 2 的**平方根**，而 $\sqrt{2}$ 為 2 的**正平方根**。$\sqrt{}$ 叫做**開平方記號**，$\sqrt{2}$ 叫做 2 的**開平方**。

　　因為任何實數的平方必大於等於 0，故方程式 $x^2 = -2$ 沒有實數根，即在實數系中**無解**。為了使這類方程式有解，人們才引進新的數，叫做**虛數** $i = \sqrt{-1}$ 與**複數** $a + bi$，其中 a, b 為實數。這留待第九章講述。

　　一般而言，給一個實數 a，我們分成下列兩種情況來討論 $x^2 = a$ 的根：

(1)當 $a \geq 0$ 時：

　　$x^2 = a$ 的兩個根為 $+\sqrt{a}$ 與 $-\sqrt{a}$，叫做 a 的**平方根**。因此，$\sqrt{a}$ 表示 a 的**正平方根**。

　　（註：$\sqrt{0} = 0$。）

(2)當 $a < 0$ 時：

　　$x^2 = a$ 沒有實根，但有虛根，需另外討論。

目前當我們使用記號 $\sqrt{a}$ 時，a 必須大於等於 0。$\sqrt{a}$ 代表 $x^2 = a$ 的正平方根。因此，$\sqrt{(-5)^2} = \sqrt{25} = 5$，換言之，一個正數的開平方仍為一個正數。一般而言，對於任意實數 a（可正可負），$a^2 \geq 0$，故 $\sqrt{a^2} = |a|$。

定　理2

設 a, b 為兩個正實數，則

$$\sqrt{a \cdot b} = \sqrt{a}\,\sqrt{b}, \quad \sqrt{\frac{a}{b}} = \frac{\sqrt{a}}{\sqrt{b}}$$

證明　我們只證第一式。

　　$(\sqrt{a}\,\sqrt{b})^2 = (\sqrt{a})^2 (\sqrt{b})^2 = ab$

　　今因 $\sqrt{a} > 0$，$\sqrt{b} > 0$，故 $\sqrt{a}\,\sqrt{b} > 0$。於是 $\sqrt{a}\,\sqrt{b}$ 為 ab 之正平方根 $\sqrt{ab}$，亦即 $\sqrt{a}\,\sqrt{b} = \sqrt{ab}$。∎

隨堂練習 證明定理 2 之第二式。

例 2 $\sqrt{12} = \sqrt{4 \cdot 3} = \sqrt{4}\sqrt{3} = 2\sqrt{3}$

$$\sqrt{\frac{27}{4}} = \frac{\sqrt{27}}{\sqrt{4}} = \frac{\sqrt{9 \cdot 3}}{2} = \frac{3\sqrt{3}}{2}$$

隨堂練習 化簡下列各式：

(1) $\sqrt{32}$　　　　　　　　　(2) $\sqrt{112}$

(3) $\sqrt{\dfrac{125}{64}}$　　　　　　　(4) $\sqrt{0.72}$

例 3 化簡下列各式：

(1) $\sqrt{50} - \sqrt{32} + \sqrt{18}$　　　(2) $(\sqrt{3} + \sqrt{5})(2\sqrt{3} - \sqrt{5})$

解 (1) $\sqrt{50} - \sqrt{32} + \sqrt{18} = \sqrt{25 \cdot 2} - \sqrt{16 \cdot 2} + \sqrt{9 \cdot 2}$

$$= 5\sqrt{2} - 4\sqrt{2} + 3\sqrt{2} = 4\sqrt{2}$$

(2) $(\sqrt{3} + \sqrt{5})(2\sqrt{3} - \sqrt{5}) = 2(\sqrt{3})^2 + \sqrt{3}\sqrt{5} - (\sqrt{5})^2$

$$= 2 \cdot 3 + \sqrt{15} - 5 = 1 + \sqrt{15}$$

　　利用乘法公式 $x^2 - y^2 = (x + y)(x - y)$ 遇到 $\sqrt{a} + \sqrt{b}$（或 $\sqrt{a} - \sqrt{b}$）時，只要乘以 $\sqrt{a} - \sqrt{b}$（或 $\sqrt{a} + \sqrt{b}$）

$$(\sqrt{a} + \sqrt{b})(\sqrt{a} - \sqrt{b}) = (\sqrt{a})^2 - (\sqrt{b})^2 = a - b$$

就可以將根號去掉，這叫做有理化。

例 4　化簡下列各式：

(1) $\dfrac{3}{\sqrt{6}}$　　　　　　　(2) $\dfrac{1}{\sqrt{5}-2}$

解　(1) $\dfrac{3}{\sqrt{6}} = \dfrac{3\sqrt{6}}{(\sqrt{6})^2} = \dfrac{3\sqrt{6}}{6} = \dfrac{\sqrt{6}}{2}$

(2) $\dfrac{1}{\sqrt{5}-2} = \dfrac{\sqrt{5}+2}{(\sqrt{5}-2)(\sqrt{5}+2)}$

$\qquad = \dfrac{\sqrt{5}+2}{(\sqrt{5})^2-4} = \sqrt{5}+2$　　　　　■

因為 $(\sqrt{3}+\sqrt{2})^2 = 3 + 2\sqrt{3}\cdot\sqrt{2} + 2 = 5 + 2\sqrt{6}$，故 $\sqrt{5+2\sqrt{6}} = \sqrt{3}+\sqrt{2}$。此式的左項含有兩重的根號，右項只含一重根號。

例 5　化簡下列各式：

(1) $\sqrt{7-2\sqrt{10}}$　　　　　　(2) $\sqrt{2+\sqrt{3}}$

解　(1)令 $\sqrt{7-2\sqrt{10}} = \sqrt{a}-\sqrt{b}$，兩邊平方得

$$7 - 2\sqrt{10} = a - 2\sqrt{ab} + b$$

所以 $a+b=7$, $ab=10$。因為根號內之數 $7-2\sqrt{10}>0$，故 $a>b$。因此，$a=5, b=2$。從而

$$\sqrt{7-2\sqrt{10}} = \sqrt{5}-\sqrt{2}$$

(2) $\sqrt{2+\sqrt{3}} = \sqrt{\dfrac{4+2\sqrt{3}}{2}} = \dfrac{\sqrt{3+2\sqrt{3}+1}}{\sqrt{2}}$

$\qquad = \dfrac{\sqrt{(\sqrt{3}+1)^2}}{\sqrt{2}} = \dfrac{\sqrt{3}+1}{\sqrt{2}} = \dfrac{\sqrt{6}+\sqrt{2}}{2}$　　　　　■

$$習\quad 題\quad 1\text{--}2$$

1. 化簡下列各式：

(1) $(\sqrt{2} + \sqrt{3})^2$

(2) $(4\sqrt{3} - \sqrt{7})(\sqrt{3} + 2\sqrt{7})$

(3) $\dfrac{1}{\sqrt{3} + \sqrt{2}}$

(4) $\dfrac{\sqrt{5} + \sqrt{3}}{\sqrt{5} - \sqrt{3}}$

(5) $\sqrt{10 + 2\sqrt{21}}$

(6) $\sqrt{4 - \sqrt{15}}$

*2. 設 a, b 為兩個實數，試證：

(1) $-|a| \le a \le |a|$

(2) $|a + b| \le |a| + |b|$　（三角不等式）

1–3　集合的概念與運算

集合 (set) 是近代數學的基本概念，它簡直就是表達數學的基本工具。

把我們所要研究的對象整個合起來看待，就是集合的概念。例如，我們要研究社會問題，社會是由許多個人組成的，社會就是一個集合，個人是此集合的組成元素。

甲、集合的概念

集合的概念是由德國數學家康托 (Georg Cantor, 1845～1918) 最先提出的，他解釋集合說：「集合是由明確而可鑑別的知覺事物或思維事物所組成的，這些事物即稱為集合的元素。」由此可知，集合的概念極其簡單，不過是由一堆東西（不論抽象或具體的）組成的群體。例如，你的家人組成一個集合，某校全體師生組成一個集合，你家的桌椅組成一個

集合，一隻牛一隻羊一隻豬組成一個集合，所有的自然數也組成一個集合。

　　我們要特別強調，就數學觀點而言，提到一個集合，最重要的是此集合所含的那些「元素」；也就是說，「元素」是構成集合的唯一要素。當元素確定後，含這些元素的集合就隨之完全確定，換句話說：**一個集合是由它所含有的元素完全確定**！至於元素之間的關係，從集合的觀點來看，是不相干的問題。集合的概念只著重於其所含的元素，除此之外，沒有任何其他的涵義。例如，一支錶的零件構成一個集合，不論是將這些零件散放或拼湊成一支能走的錶，都是同一個集合。

　　其次我們要強調，一個集合的元素必須明確而可鑑別，絕不能含糊或模稜兩可。也就是說，給定一個集合後，隨便拿一個東西來，我們都可以分辨出這個東西是不是該集合的元素。有了明確的元素，才能組成一個明確的集合。我們以後所要討論的就是這樣的集合。我們應該避免說像下面的語句：「臺灣大學中文系漂亮的女生所成的集合」。因為漂亮也者，各人的標準不同，我們不是常說「情人眼裡出西施」嗎？因此「漂亮」一詞所界定的元素不明確，於是我們無法得到一個明確的集合，因此最好不說不明確的話。

乙、集合的描述法

　　要言之，一個集合的描述不外是下面三種：

1.列舉元素法

　　如果一個集合只含少數幾個元素，則這個集合的一個最直截了當的描述方法，就是把它所含的元素逐一列舉出來，再用大括號把它們括在一起。

例 1 (1) {0, 1, 2} 表示由 0, 1, 2 三個元素所組成的集合。

      (2) {△, ▱, ○, □} 表示由上述四個圖形所組成的集合。

      (3) {+, −, ×, ÷} 表示由 +, −, ×, ÷ 四種運算符號所組成的集合。

      (4) {2, 3, 5, 7, 11, 13, 17, 19, 23, 29, 31, 37, 41, 43, 47, 53, 59, 61, 67, 71, 73, 79, 83, 89, 97} 表示小於 100 的二十五個正質數所組成的集合。 ∎

    因為一個集合由其所含的元素完全確定，所以兩個集合只要具有相同的元素，就應該看成相等，而跟元素的排列次序及重複次數無關。例如：

$$\{3, 7, 10\} = \{10, 7, 3\} = \{7, 3, 10\}$$
$$\{△, ▱, ○, □\} = \{▱, ○, □, △\}$$
$$\{1, 2\} = \{1, 2, 2, 1, 1\}$$
$$\{2, 4, 6\} = \{2, 2, 4, 6, 4, 6, 2\}$$
$$\{p, q, r, r\} = \{p, q, r\}$$

    當元素太多時，無法完全列舉出來，通常我們就列出幾個元素，再加上三個點 "…"，用來表示「等等」。但是，要能夠確知，「等等」所要指明的元素。

例 2 (1) 正偶數之集合 {2, 4, 6, …}。

      (2) 自然數之集合 {1, 2, 3, …}。 ∎

2. 元素特徵描述法

一般而言，當一個集合的元素個數多一點時，逐一列舉的描述法，不但麻煩而且不實用。因此我們不得不尋求另一種描述法，就是用一個集合的元素的「特徵和性質」來描述該集合。這種描述法，在甲段中我們已經使用過。今再舉例說明如下：

例3　⑴「所有偶數所成的集合」，「所有能被 2 整除的集合」，都是用來描述一個含元素 0, ±2, ±4, ±6, … 的集合。

⑵「所有奇數所成的集合」，「所有不能被 2 整除的集合」，都是用來描述一個含元素 ±1, ±3, ±5, … 的集合。

⑶「所有自然數所成的集合」，「所有實數所成的集合」。

⑷ {2, 3} 這一集合可以描述為「方程式 $x^2 - 5x + 6 = 0$ 的解集合」，也可以描述為「大於 1 小於 4 的自然數所成的集合」。

用元素的「特徵和性質」來刻劃一個集合，不用說，一定要明確。例如，有一理髮店標示:「凡禿頭者理髮免費」，這句話就不是一個明確的敘述，因為禿到什麼程度才算是禿頭呢? 世間有許多爭執多半是由於語意的不明確，引起誤解而發生的。數學中所引用的符號和所敘述的概念，第一要素就是要求明確。這是數學的基本特色，也是數學為什麼可以「放諸四海而皆準」的道理。

3. 典型元素描述法

假如我們將上述兩種描述法適當地加以配合，我們可以把集合所含的「典型元素」加以描述。

例 4　(1)「偶數所成的集合」可以描述成 $\{2n \mid n$ 為任意整數$\}$ 或
$\{x \mid x$ 為整數且能被 2 整除$\}$，也可以寫成 $\{2n \mid n \in \mathbb{Z}\}$。

(2)「奇數所成的集合」可以描述成 $\{2n+1 \mid n$ 為任意整數$\}$ 或
$\{x \mid x$ 為整數且不能被 2 整除$\}$，或 $\{2n+1 \mid n \in \mathbb{Z}\}$。

(3) $\{\sqrt{2}, -\sqrt{2}\}$ 可以描述成 $\{x \mid x^2 = 2\}$。

(4) $\{2, 3\}$ 可以描述成 $\{x \mid x^2 - 5x + 6 = 0\}$。

(5)「實數所成的集合」可以描述成 $\{x \mid x$ 為實數$\}$。

　　上述的描述法在數學中最常用。事實上，它就是將第二種描述法用適當的符號表示出來。

隨堂練習　將下列各集合用典型元素描述法表示出來：
(1) 1 到 10 之間的偶數所成的集合。
(2)正奇數之集合。
(3)大於 0 小於 1 之實數集合。

丙、集合的記號用法

1.集合與元素之記號

　　從今起，原則上我們用小寫的英文字母代表集合的元素，大寫的英文字母代表集合。例如 $A = \{a, b, c\}$ 表示集合 A 是由 a, b, c 三個元素組成的。

2.屬於與不屬於

　　在集合符號中，我們用希臘字母 "$\in$" 表示「屬於」。例如：若

$A = \{a,\ b,\ c\}$，則 "$a \in A$" 表示 a 是集合 A 的一個元素；再如：若
$B = \{2n \mid n \in \mathbb{Z}\}$，則 $2 \in B$，$4 \in B$。"$a \in A$" 讀做「a 屬於 A」。相對地，
我們用符號 "$\notin$" 表示「不屬於」。以上述集合 B 為例，我們有

$$1 \notin B,\ 3 \notin B,\ \pm 5 \notin B,\ \frac{1}{2} \notin B \text{ 等等}$$

隨堂練習　設 $A = \{x \mid x \text{ 為正偶數}\}$，$B = \{x \mid x \text{ 為正奇數}\}$，問下列各數
屬於何集合? 不屬於何集合?

$$4,\ 9,\ -1,\ \pi,\ 5.8,\ 99,\ 12$$

3.子　集

設 A, B 為兩個集合，若 A 中的任一元素也都屬於集合 B，則我們
就說 A 是 B 的一個「子集」，我們也說「A 包含於 B」或「B 包含 A」，
分別以符號 "$A \subseteq B$" 或 "$B \supseteq A$" 表示之。照上述的定義，一個集合 A 也
是它本身的子集，即 $A \subseteq A$，因為 A 的任一元素也都屬於 A。我們可以
將 $A \subseteq B$ 圖解成

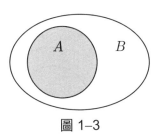

圖 1–3

如果 $A \subseteq B$ 並且存在有 B 的元素不屬於 A，那麼我們就說 A 是 B
的**真子集合**，記成 $A \subset B$。

今後我們要採用下列的標準記號:

$\mathbb{N} = \{1, 2, 3, \cdots\}$ 表示**自然數集**

$\mathbb{Z} = \{\cdots, -2, -1, 0, 1, 2, \cdots\}$ 表示**整數集**

$\mathbb{Q} = \{x \mid x = \dfrac{m}{n}, \ m, \ n \in \mathbb{Z} \text{ 且 } n \neq 0\}$ 表示**有理數集**

$\mathbb{R} = \{x \mid x \text{ 為有理數或無理數}\}$ 表示**實數集**

令 $a, b \in \mathbb{R}$，則集合

$[a, b] = \{x \mid a \leq x \leq b\}$ 稱為**閉區間**

$(a, b) = \{x \mid a < x < b\}$ 稱為**開區間**

$[a, b) = \{x \mid a \leq x < b\}$ 稱為**左閉右開區間**

$(a, b] = \{x \mid a < x \leq b\}$ 稱為**左開右閉區間**

$(-\infty, b] = \{x \mid x \leq b\}$

$(-\infty, b) = \{x \mid x < b\}$

$(a, \infty) = \{x \mid x > a\}$ ⎫ 這些都叫做**無窮區間**

$[a, \infty) = \{x \mid x \geq a\}$

$(-\infty, \infty) = \mathbb{R} = $ **實數集**

例 5 $\mathbb{N} \subset \mathbb{Z} \subset \mathbb{Q} \subset \mathbb{R}$。圖解如下：

圖 1–4

例 6　設 $A = \{1, 2, 3\}$，$B = \{1\}$，$C = \{1, 2\}$，$D = \{3\}$，則 $B \subset A$，$B \subset C$，$D \subset A$，$C \subset A$。 ■

例 7　試證若 A 是 B 的子集，B 是 C 的子集，則 A 也是 C 的子集，即若 $A \subseteq B$ 且 $B \subseteq C$ 則 $A \subseteq C$。

證明　我們要在 $A \subseteq B$ 且 $B \subseteq C$ 的假設下，證明 $A \subseteq C$。我們必須證明 A 的任一元素也屬於 C。今因 $A \subseteq B$，$B \subseteq C$，根據 "$\subseteq$" 的定義，知「A 的任一元素也屬於 B」且「B 的任一元素也屬於 C」，這兩句話合起來就得到「A 的任一元素也屬於 C」，即 $A \subseteq C$。以圖形表示如下：

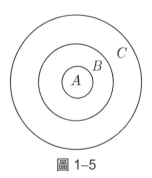

圖 1–5 ■

丁、集合的演算與圖解

1.聯集與交集

　　用已知兩個集合來造新的集合，我們得到最自然的兩個集合就是**聯集與交集**。今分述如下：設 A，B 為兩個集合；把 A 的所有元素與 B 的所有元素合併而成的集合，稱為「集合 A，B 的聯集」，以符號 $A \cup B$ 表示之；由 A，B 的共同元素所組成的集合，稱為「集合 A，B 的交集」，

以符號 $A \cap B$ 表示之。

（註：聯集可以描述成 $A \cup B = \{x \mid x \in A$ 或 $x \in B\}$，

　　　交集可以描述成 $A \cap B = \{x \mid x \in A$ 且 $x \in B\}$。）

例8　設 $A = \{1, 2\}$, $B = \{2, 3\}$，則 $A \cup B = \{1, 2, 3\}$, $A \cap B = \{2\}$。∎

例9　設 $A = (-7, 5)$, $B = (-3, 10)$ 為兩個開區間，則

$$A \cup B = (-7, 10), A \cap B = (-3, 5)$$

我們用實數線表 A, B 如下：

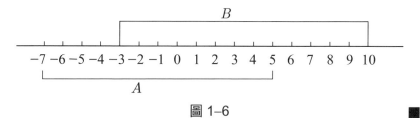

圖 1–6

（註：開區間、平面上的點坐標以及兩個整數的最大公因數均用相同的符號表示，

　　　但是只要看上下文就知道到底是指那一種用法，而不致混淆。）

設 A, B 為兩個集合，則聯集 $A \cup B$ 與交集 $A \cap B$ 可以圖解如下：

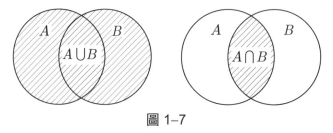

圖 1–7

若兩個集合 A, B 沒有共同元素時，例如 $A = \{1, 2\}$, $B = \{3, 4\}$，則我們用 $\varnothing$ 表示 A, B 的交集，即 $A \cap B = \varnothing$，我們稱 $\varnothing$ 為空集合。空集

合是不含任何元素的集合，即 $\varnothing = \{\ \}$，因此 $\varnothing$ 與 $\{\varnothing\}$ 並不相同，因 $\{\varnothing\}$ 為含元素 $\varnothing$ 的集合。

例 10 (1)奇數集合 ∩ 偶數集合 $= \varnothing$。

(2)設 $A = \{x \,|\, x$ 為實數且 $x > 0\}$，$B = \{x \,|\, x$ 為實數且 $x < 0\}$，則 $A \cap B = \varnothing$。 ■

例 11 我們規定空集合 $\varnothing$ 是任何集合的子集，即 $\varnothing \subseteq A$ 對任何集合 A 均成立。 ■

例 12 設 $A = \{1, 2, 3\}$，則 A 的子集共有下列八個：

$\{1, 2, 3\}$, $\{1, 2\}$, $\{1, 3\}$, $\{2, 3\}$, $\{1\}$, $\{2\}$, $\{3\}$, $\varnothing$。 ■

兩個集合 A, B 若含有相同的元素，則稱此兩集合相等，以符號 $A = B$ 表示之。顯然 "$A \subseteq B$ 且 $B \subseteq A$" 和 "$A = B$" 是指同一回事。例如：設 A 為所有三邊相等的三角形的集合，B 為所有三個角相等的三角形的集合，則 $A = B$。一般而言，當我們要證明兩個集合 A, B 相等時，我們是先證明 $A \subseteq B$，再證明 $B \subseteq A$。

定　理 1

(1) $(A \cap B) \cap C = A \cap (B \cap C)$ 　　　　　（結合律）

(2) $(A \cup B) \cup C = A \cup (B \cup C)$

(3) $A \cap (B \cup C) = (A \cap B) \cup (A \cap C)$ 　　（分配律）

(4) $A \cup (B \cap C) = (A \cup B) \cap (A \cup C)$

證明　我們只證明(3)，其他的留作習題。我們要證明 $A \cap (B \cup C)$ 和 $(A \cap B) \cup (A \cap C)$ 相等，必須驗證：$A \cap (B \cup C) \subseteq (A \cap B) \cup (A \cap C)$ 且 $(A \cap B) \cup (A \cap C) \subseteq A \cap (B \cup C)$。我們先證 $A \cap (B \cup C) \subseteq (A \cap B) \cup (A \cap C)$。

設 $x \in A \cap (B \cup C)$

$\Rightarrow x \in A$ 且 $x \in B \cup C$　　　　　　　　　　（根據交集的定義）

$\Rightarrow x \in A$ 且 $(x \in B$ 或 $x \in C)$　　　　　　　（根據聯集的定義）

$\Rightarrow (x \in A$ 且 $x \in B)$ 或 $(x \in A$ 且 $x \in C)$

$\Rightarrow x \in A \cap B$ 或 $x \in A \cap C$

$\Rightarrow x \in (A \cap B) \cup (A \cap C)$

故 $A \cap (B \cup C)$ 中的任一元素均屬於 $(A \cap B) \cup (A \cap C)$，

即　　　　　　　$A \cap (B \cup C) \subseteq (A \cap B) \cup (A \cap C)$　　　　　(1)

上面的論證都可以逆推回去，故同理可證

　　　　　　　$(A \cap B) \cup (A \cap C) \subseteq A \cap (B \cup C)$　　　　　(2)

(1), (2)式合起來就是：$A \cap (B \cup C) = (A \cap B) \cup (A \cap C)$　■

2.兩個集合的差

對於兩個集合 A, B，我們定義 A, B 之間的「差」如下：
$A \setminus B$ 是由所有「屬於 A 但是不屬於 B」的元素所成的集合。
$B \setminus A$ 是由所有「屬於 B 但是不屬於 A」的元素所成的集合。

例 13　我們可以將 $A \setminus B$ 描述成 $A \setminus B = \{x \mid x \in A$ 且 $x \notin B\}$，$B \setminus A$ 描述成 $B \setminus A = \{x \mid x \in B$ 且 $x \notin A\}$。並且圖示如下：

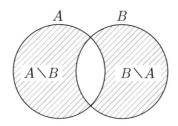

例 14　設 $A = \{1, 3, 5, 7\}$，$B = \{3, 7, 11\}$，$C = \{3, 9, 13\}$，

則 $A \setminus B = \{1, 5\}$，　$A \setminus C = \{1, 5, 7\}$。

$B \setminus A = \{11\}$，　　$C \setminus A = \{9, 13\}$。

$B \setminus C = \{7, 11\}$，$C \setminus B = \{9, 13\}$。

定　理 2

（笛摩根定律）

(1) $A \setminus (B \cup C) = (A \setminus B) \cap (A \setminus C)$

(2) $A \setminus (B \cap C) = (A \setminus B) \cup (A \setminus C)$

證明　我們只證第一式，第二式留作習題。

設 $x \in A \setminus (B \cup C)$

$\Rightarrow x \in A$ 且 $x \notin (B \cup C)$

$\Rightarrow x \in A$ 且 $(x \notin B$ 且 $x \notin C)$

$\Rightarrow (x \in A$ 且 $x \notin B)$ 且 $(x \in A$ 且 $x \notin C)$

$\Rightarrow x \in A \setminus B$ 且 $x \in A \setminus C$

$\Rightarrow x \in (A \setminus B) \cap (A \setminus C)$

$\therefore A \setminus (B \cup C) \subseteq (A \setminus B) \cap (A \setminus C)$

同理可證 $(A \setminus B) \cap (A \setminus C) \subseteq A \setminus (B \cup C)$，

$\therefore A \setminus (B \cup C) = (A \setminus B) \cap (A \setminus C)$ ■

今我們舉一例來驗證定理 2 的公式：

例 15 設 $A = \{1, 2, 3\}$，$B = \{2, 3, 4, 5\}$，$C = \{3, 5, 6\}$，

則　　$A \setminus (B \cup C) = \{1\}$，$A \setminus B = \{1\}$，$A \setminus C = \{1, 2\}$，

$(A \setminus B) \cap (A \setminus C) = \{1\}$，

所以　$A \setminus (B \cup C) = (A \setminus B) \cap (A \setminus C)$。

又　　$A \setminus (B \cap C) = \{1, 2\}$，$(A \setminus B) \cup (A \setminus C) = \{1, 2\}$，

所以　$A \setminus (B \cap C) = (A \setminus B) \cup (A \setminus C)$。 ■

3.宇集和補集

　　當我們要討論一個給定的問題時，比如說臺灣的人口問題，我們只對臺灣的人口有興趣（美國人是不相干的），因此很自然地，我們就將臺灣的所有人口視為討論該問題的一個「宇集」，那麼我們要討論的問題所牽涉到的集合都是這個「宇集」的子集，比如討論兒童的就學問題，兒童就是上述宇集的一個子集。再如，我們討論平面幾何學時，我們很自然將平面上所有的點所成的集合當作宇集，那麼我們討論的有關三角形、圓、平行四邊形、直線等圖形，都是宇集的子集。事實上，宇集就是我們為了討論一個問題而劃定的一個適當的範圍，在這個範圍之內，我們可以對所要討論的有關問題作「上下古今談」，而毫無阻礙。因此「宇集」的選取，隨所要討論的問題而定，而且只要選取得「夠大」都可以。

　　有了「宇集」這一概念，我們就可以來討論「補集」了。假設 U 為我們所選定的宇集，而且在以下的討論中，A, B, C, D, … 等都是 U 的

子集。我們稱 $U \setminus A$ 為 A 的補集，以符號 $\sim A$ 表之。換言之，
$\sim A = \{x \mid x \in U \text{ 且 } x \notin A\}$。以圖形表之如下

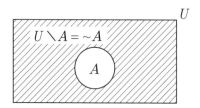

例 16 設 $U = \{1, 2, 3, 4, 5\}$, $A = \{1, 3, 5\}$，則 $\sim A = \{2, 4\}$。 ■

例 17 設 $U = \{\cdots, -2, -1, 0, 1, 2, \cdots\}$, $A = \{1, 2, 3, 4, \cdots\}$，
則 $\sim A = \{\cdots, -2, -1, 0\}$。 ■

例 18 試證：(1) $\sim (A \cap B) = (\sim A) \cup (\sim B)$

(2) $\sim (A \cup B) = (\sim A) \cap (\sim B)$

證明 我們只證(1)，至於(2)留作習題。

$$\sim (A \cap B) = U \setminus (A \cap B) \qquad \text{（根據定義）}$$
$$= (U \setminus A) \cup (U \setminus B) \qquad \text{（由笛摩根定律）}$$
$$= (\sim A) \cup (\sim B)$$

■

習題 1-3

1. 設 N 表所有自然數的集合、Z 表所有整數的集合、Q 表所有有理數的集合、R 表所有實數的集合，下列各數各屬於或不屬於那些集合？用符號寫出：

$$-3, -\frac{1}{2}, 0, 1, \sqrt{2}, 1+\sqrt{5}, \pi, \pi-3, \sqrt{4}$$

2. 在下列諸題中，試判定 A, B 兩集合的關係：

(1) $A = \{1, 5, 7, 3\}$, $B = \{3, 5, 7, 1\}$

(2) $A = \{1, 5, 7, 3, 3\}$, $B = \{3, 5, 7, 1\}$

(3) $A = \{1, 5, 7, 3, 3\}$, $B = \{3, 5, 7, 7, 1\}$

(4) $A = \{1, 5, 7, 3\}$, $B = \{3, 5, 1, 6\}$

(5) $A = \{x \mid x \text{ 為等腰三角形}\}$, $B = \{x \mid x \text{ 為正三角形}\}$

3. 設 $A = \{a, \{b, c\}, d\}$，則下列各題何者為錯誤？為什麼？

(1) $\{b, c\} \subset A$　(2) $\{b, c\} \in A$　(3) $b \in A$

4. 設 $A = \{a, \{b, \{c, d\}\}, e\}$, $B = \{b, \{c, d\}\}$, $C = \{c, d\}$，則下列各題何者為錯誤？為什麼？

(1) $B \subset A$ (2) $C \subset A$

(3) $\{B\} \subset A$ (4) $C \subset B$

5. 試用典型元素描述法，寫出下列各集合：

(1)二次方程式 $x^2 + 2x - 3 = 0$ 兩根所成的集合。

(2)所有加上 7 就大於 15 的實數所成的集合。

(3)所有平方後就大於 7 的實數所成的集合。

(4)所有大於 3 小於 5 的實數所成的集合。

6.在下列各題中，求 A, B 的交集與聯集：

(1) $A = \{a, b, c\}, B = \{1, 2, 3\}$

(2) $A = \{a, b, c\}, B = \{a, 1, 2\}$

(3) $A = \{a, b, c\}, B = \{a, b, 3\}$

7.若集合 A, B, C 滿足 $A \cup C = B \cup C$ 及 $A \cap C = B \cap C$，試證 $A = B$。

8.設 A 為所有四邊形的集合、B 為所有梯形的集合、C 為所有平行四邊形的集合、D 為所有菱形的集合、E 為所有長方形的集合、F 為所有正方形的集合，試寫出上述各集合間的關係，並用圖形表示之。

9.設 A, B 表示兩個集合，試證：

(1) $A \subset A \cup B, B \subset A \cup B$

(2) $A \supset A \cap B, B \supset A \cap B$

(3) $A \cup (A \cap B) = A$

(4) $B \cap (A \cup B) = B$

10.設 $\mathbb{N}$ 為所有自然數的集合、$\mathbb{Z}$ 為所有整數的集合、A 為所有偶數的集合：

(1)試寫出它們之間的包含關係。

(2)求 $\mathbb{N} \cap A$, $\mathbb{N} \setminus A$ 及 $A \setminus \mathbb{N}$。

11.設 $A = \{x | x \geq 4\}, B = \{x | x \leq 9\}, C = \{x | x \leq 3\}$，試求 $A \setminus B, A \setminus C$ 及 $(A \setminus B) \cup (A \setminus C)$，再找出 $B \cup C$ 及 $A \setminus (B \cup C)$，由此驗證笛摩根定律。

12.設 U 為宇集，試證：

(1) $\sim U = \varnothing$ (2) $\sim \varnothing = U$

(3) $A \cup (\sim A) = U$ (4) $A \cap (\sim A) = \varnothing$

13.設 $U = \{1, 2, 3, 4, 5, 6, 7, 8, 9\}, A = \{1, 2, 3, 4\}, B = \{2, 4, 6, 8\}, C = \{3, 4, 5, 6\}$，試求：$\sim A, \sim B, \sim(A \cap C), \sim(A \cup B), \sim(\sim A), \sim(B \setminus C)$。

第二章　多項式及其運算

　　從算術的**數**，提昇到代數的**未知數**與**方程式**，如 $2x + 3 = 0$, $2x + 4y = 100$, $ax^2 + bx + c = 0$，再飛躍到能夠描寫一個現象的兩量關係之**變數**與**函數**，如 $y = 2x + 1$, $y = ax^2 + bx + c$，這使我們感受到數學思想與**方法**的拾級而上之進步，真令人欣喜。

　　不論是方程式或函數，都出現了各種「式子」，例如

$$2x + 3, \; 2x + 4y, \; ax^2 + bx + c$$

這些都是「**多項式**」的例子。更多的多項式，如

$$x^3 + x - 4, \; 2x^4 - x^3 + 6x + 7, \; 5x - 2$$

只含有一個「不定元 x」，叫做**單元多項式**。含有兩個以上的不定元之多項式，叫做**多元多項式**，如

$$2x + 4y, \; 3x^2 + 2xy + y^2, \; x^2y + zx + 3yz$$

所有這些式子所成的集合統稱為「式系」。

　　算術對付具體的「**數系**」，代數的**解方程式**及**研究函數**就必須熟悉「式系」。數系與式系在觀念與性質上很相像，我們有下面的「類推表」：

數　系	式　系
整數	多項式（即整式）
有理數（分數）	有理式（分式）
不盡根無理數	無理根式
因數	因式
倍數	倍式
質數	質式
最大公因數	最高公因式
最小公倍數	最低公倍式
因數分解	因式分解

本章我們要研究單元多項式，就因為它是整數的類推（因此又叫做「整式」），所以是最簡單的！由多項式出發，可做出有理式及根式，如 $\dfrac{2x+3}{x^2+1}$，$\sqrt{x^2+x+1}$，對應地就可談更豐富的方程式與函數了。

2-1　多項式的加法與乘法

甲、多項式的定義及一些術語

設 "x" 為在運算上具有數的性質之文字符號，我們稱之為「不定元」。（具體的數，如 2, 5, …，相當於鈔票，而不定元相當於空白支票。）既然 x 在運算上具有數的性質，因此可以作四則運算，並且滿足運算律，例如交換律、結合律、分配律等等。我們利用這些性質就可以造一個像下面形狀的式子：

$$f(x) = a_n x^n + a_{n-1} x^{n-1} + \cdots + a_1 x^1 + a_0 \ (a_n \neq 0) \tag{1}$$

其中 a_n, a_{n-1}, $\cdots$, a_1, a_0 為 $n+1$ 個**數**。今後 x^1 簡寫為 x。至於 x^0 就是 1，所以 a_0 也是 $a_0 x^0$ 的簡寫。我們稱(1)式為 x **的多項式**，此多項式只含有一個不定元 x，通常又叫做**單元多項式**，而 a_n, a_{n-1}, $\cdots$, a_1, a_0 叫做此多項式的**係數**，其中 a_n 稱為**首項係數**，a_0 為**常數項**。n 稱為此多項式的**次數**，以記號 $\deg f(x)$ 表之，即 $\deg f(x) = n$，例如 $f(x) = 5x^3 + 4x^2 + 2$ 是 x 的三次多項式，$g(y) = y^7 + 1$ 是 y 的七次多項式。

如果一個多項式 $f(x)$ 的係數都是實數，則稱 $f(x)$ 是一個**實係數多項式**；如果一個多項式 $f(x)$ 的係數都是有理數，則稱 $f(x)$ 為一個**有理係數多項式**；如果一個多項式 $f(x)$ 的係數都是整數，則稱 $f(x)$ 為一個

整係數多項式。所有整係數多項式、有理係數多項式、實係數多項式、複係數多項式所成的集合分別用 $\mathbb{Z}[x]$, $\mathbb{Q}[x]$, $\mathbb{R}[x]$, $\mathbb{C}[x]$ 來表示。顯然，

$$\mathbb{Z}[x] \subset \mathbb{Q}[x] \subset \mathbb{R}[x] \subset \mathbb{C}[x]$$

在(1)式中，多項式 $f(x)$ 的各項冪次，由高次至低次排列相加起來，叫做**按降冪排列**。如果 $f(x)$ 寫成

$$f(x) = a_0 + a_1 x + a_2 x^2 + \cdots + a_n x^n$$

即冪次由低次至高次排列，就叫做**按升冪排列**。

兩個多項式

$$f(x) = a_n x^n + a_{n-1} x^{n-1} + \cdots + a_1 x + a_0$$
$$g(x) = b_m x^m + b_{m-1} x^{m-1} + \cdots + b_1 x + b_0$$

相等是指次數相等且對應項的係數也都相等，即

$$f(x) = g(x) \Leftrightarrow m = n \text{ 且 } a_k = b_k, \ k = 0, \ 1, \ 2, \ \cdots, \ n$$

乙、多項式的加法與乘法

對於實數系，我們有 $+, -, \times, \div$ 四則運算以及這些運算所具有的性質（即運算律）。同樣地，對於多項式，我們也要來定義它們的四則運算，並且探討這些運算所具有的性質。事實上，我們只需定義多項式的加法與乘法就夠了，因為減法與除法各為加法與乘法的逆運算。

讓我們看一些例子。

例 1 設 $f(x) = 3x^3 - \dfrac{1}{2}x^2 + \dfrac{4}{5}x + 7$, $g(x) = -5x^5 - 3x^3 + \dfrac{1}{7}x^2 + \dfrac{11}{5}x$，

如何求它們的和呢？

解 因為不定元 x 具有數的通性，所以 $f(x)$ 與 $g(x)$ 的和可以演算

如下：

$f(x) + g(x)$

$= (3x^3 - \dfrac{1}{2}x^2 + \dfrac{4}{5}x + 7) + (-5x^5 - 3x^3 + \dfrac{1}{7}x^2 + \dfrac{11}{5}x)$

$= 3x^3 - \dfrac{1}{2}x^2 + \dfrac{4}{5}x + 7 - 5x^5 - 3x^3 + \dfrac{1}{7}x^2 + \dfrac{11}{5}x$

（因為結合律成立，故可去掉括號）

$= -5x^5 + (3x^3 - 3x^3) + (-\dfrac{1}{2}x^2 + \dfrac{1}{7}x^2) + (\dfrac{4}{5}x + \dfrac{11}{5}x) + 7$

（因為交換律成立，故各項的次序可以互換）

$= -5x^5 + 0 + (-\dfrac{1}{2} + \dfrac{1}{7})x^2 + (\dfrac{4}{5} + \dfrac{11}{5})x + 7$ （分配律）

$= -5x^5 - \dfrac{5}{14}x^2 + 3x + 7$ ∎

由上面的演算可知，求兩多項式之和的步驟是：將同類項的係數相
加，然後依降冪或升冪排列之，通常我們都是採用降冪排列。整個的演
算過程都是利用數系的運算律來進行的。例 1 的演算有時也用直式來寫：

$$
\begin{array}{r}
3x^3 - \dfrac{1}{2}x^2 + \dfrac{4}{5}x + 7 \\
+)\ -5x^5 - 3x^3 + \dfrac{1}{7}x^2 + \dfrac{11}{5}x \\
\hline
-5x^5 + 0x^3 - \dfrac{5}{14}x^2 + 3x + 7
\end{array}
$$

進一步可以用**分離係數法**，以簡化計算：

$$\begin{array}{r} 3 - \dfrac{1}{2} + \dfrac{4}{5} + 7 \\ +)\ -5 + 0 - 3 + \dfrac{1}{7} + \dfrac{11}{5} + 0 \\ \hline -5 + 0 + 0 - \dfrac{5}{14} + 3 + 7 \end{array}$$

所以答案就是 $-5x^5 + 0 \cdot x^4 + 0 \cdot x^3 - \dfrac{5}{14}x^2 + 3x + 7$，亦即 $-5x^5 - \dfrac{5}{14}x^2 + 3x + 7$。

例2 設 $f(x) = -2x^4 + x^3 - x^2 + 2x - 1$, $g(x) = x^3 + 2x^2 + x - 1$，如何求它們的乘積呢?

解 $f(x) \cdot g(x)$

$= (-2x^4 + x^3 - x^2 + 2x - 1) \cdot (x^3 + 2x^2 + x - 1)$

$= (-2x^4 + x^3 - x^2 + 2x - 1) \cdot x^3 + (-2x^4 + x^3 - x^2 + 2x - 1) \cdot 2x^2$

$\quad + (-2x^4 + x^3 - x^2 + 2x - 1) \cdot x + (-2x^4 + x^3 - x^2 + 2x - 1) \cdot (-1)$

$\hfill$（分配律）

$= (-2x^7 + x^6 - x^5 + 2x^4 - x^3) + (-4x^6 + 2x^5 - 2x^4 + 4x^3 - 2x^2)$

$\quad + (-2x^5 + x^4 - x^3 + 2x^2 - x) + (2x^4 - x^3 + x^2 - 2x + 1)$

$= -2x^7 - 3x^6 - x^5 + 3x^4 + x^3 + x^2 - 3x + 1$ $\hfill$（多項式加法）

故多項式的乘法可以先用分配律展開,再用多項式的加法求之即得。

上述的演算也可用直式來進行：

$$
\begin{array}{r}
-2x^4 + x^3 - x^2 + 2x - 1 \\
\times)\qquad\quad x^3 + 2x^2 + x - 1 \\
\hline
2x^4 - x^3 + x^2 - 2x + 1 \\
-2x^5 + x^4 - x^3 + 2x^2 - x \\
-4x^6 + 2x^5 - 2x^4 + 4x^3 - 2x^2 \\
+) -2x^7 + x^6 - x^5 + 2x^4 - x^3 \\
\hline
-2x^7 - 3x^6 - x^5 + 3x^4 + x^3 + x^2 - 3x + 1
\end{array}
$$

採用分離係數法：

$$
\begin{array}{r}
-2 + 1 - 1 + 2 - 1 \\
\times)\qquad 1 + 2 + 1 - 1 \\
\hline
2 - 1 + 1 - 2 + 1 \\
-2 + 1 - 1 + 2 - 1 \\
-4 + 2 - 2 + 4 - 2 \\
+) -2 + 1 - 1 + 2 - 1 \\
\hline
-2 - 3 - 1 + 3 + 1 + 1 - 3 + 1
\end{array}
$$

(註：分離係數法將直式的演算變得簡單化，其步驟是：

(1)將多項式按降冪排列，遇到缺項就以 0 補充，

(2)去掉不定元，再按上述例子之演算。)

例 3　設 $f(x) = 2x^3 + 3x^2 - 1$，$g(x) = x^2 + 1$，則

$f(x) + g(x) = 2x^3 + 4x^2$，

$f(x) \cdot g(x) = 2x^5 + 3x^4 + 2x^3 + 2x^2 - 1$。

習　題　2-1

1. 求下列兩多項式之和：

(1) $f(x) = x^3 + 2x^2 + x - 1$, $g(x) = 3x^4 + 2x^3 + 2x + 4$

(2) $f(x) = 2x^4 - 3x^2 + 3x - 1$, $g(x) = 3x^3 - 2x + 1$

2. 求下列兩多項式之差：

(1) $f(x) = 3x^3 - x^2 + \dfrac{1}{6}x + 1$, $g(x) = 2x^2 - x$

(2) $f(x) = 2x^2 + 3x - 7$, $g(x) = x^3 - 3x + 5$

3. 求下列兩多項式之積：

(1) $f(x) = 2x^2 - x + 4$, $g(x) = x^2 - 4x + 1$

(2) $f(x) = x^3 + 2x - 2$, $g(x) = -4x^3 - x^2 + 1$

(3) $f(x) = x^6 - 3x^4 + x$, $g(x) = x^3 + x - 1$

(4) $f(x) = x^4 - \dfrac{1}{3}x^2 - \dfrac{1}{5}$, $g(x) = x^2 + \dfrac{1}{4}$

(5) $f(x) = x^3 - \dfrac{1}{3}x - \dfrac{1}{4}$, $g(x) = x^3 + \dfrac{1}{4}x + \dfrac{1}{3}$

2-2　綜合除法

甲、除法的意義

除法是乘法的逆運算。設 a, b 為兩任意整數，$b \neq 0$，如果 a 被 b 除所得的商與餘數分別為 q, r，則

$$a = bq + r, \ 0 \leq r < |b| \tag{1}$$

當 $r=0$ 時，就是 b 可以整除 a。

同理，對於任意兩多項式 $f(x)$ 與 $g(x)$，$f(x) \div g(x)$ 的意思就是要找另一個多項式 $q(x)$，使得

$$f(x) = g(x) \cdot q(x)$$

可是，正好跟「兩個整數不見得能互相整除」一樣，這樣的 $q(x)$ 不見得存在！如果存在，我們就說 $f(x)$ 是 $g(x)$ 的**倍式**，$g(x)$ 是 $f(x)$ 的**因式**，而且也說：「$g(x)$ 能整除 $f(x)$」且其**商式**為 $q(x)$。

一般而言，當 $g(x) \neq 0$ 時，必存在兩個多項式 $q(x)$ 與 $r(x)$ 使得

$$f(x) = g(x) \cdot q(x) + r(x) \tag{2}$$

其中，$r(x) = 0$ 或 $\deg r(x) < \deg g(x)$。(2)式是(1)式的類推。我們稱 $q(x)$ 與 $r(x)$ 為**商式**與**餘式**。它們是唯一存在的。

乙、長除法

兩個多項式的除法演算就是要求商式與餘式，通常我們採用**長除法**，如下例所示。

例 1　用 $g(x) = 2x^3 - 4x + 5$ 去除 $f(x) = 8x^7 + 6x^5 - 13x^4 + 3x^2 - 5$，試求商式與餘式。

解　我們採用分離係數法，將 $f(x)$ 寫做 $8 + 0 + 6 - 13 + 0 + 3 + 0 - 5$，而 $g(x)$ 寫做 $2 + 0 - 4 + 5$，再按下面的演算步驟進行：

$$
\begin{array}{r}
8+0+6-13+0+3+0-5 \\
-)\,8+0-16+20 \\
\hline
22-33+0+3+0-5 \\
-)\,22+0-44+55 \\
\hline
-33+44-52+0-5 \\
-)\,-33+0+66-\dfrac{165}{2} \\
\hline
44-118+\dfrac{165}{2}-5 \\
-)\,44+0-88+110 \\
\hline
-118+\dfrac{341}{2}-115
\end{array}
\quad
\begin{array}{l}
2+0-4+5 \quad\cdots\cdots\cdots\text{除式} \\
\hline
4+0+11-\dfrac{33}{2}+22 \cdots\text{商式} \\
\\
\\
\\
\\
\\
\\
\\
\\
\\
\cdots\cdots\cdots\cdots\cdots\cdots\cdots\cdots\cdots\cdots\text{餘式}
\end{array}
$$

商式 $q(x) = 4x^4 + 11x^2 - \dfrac{33}{2}x + 22$，

餘式 $r(x) = -118x^2 + \dfrac{341}{2}x - 115$。　　　　　　　　■

丙、綜合除法

例 2　求 $x^3 + 1$ 除以 $x + 2$ 的商式與餘式。

解　(1)用分離係數法，就得到下面的演算過程：

```
    1  +0  +  0  + 1 │1 + 2
 -) ①  +2            │1 - 2 + 4 ⋯⋯商式
     ─────────────
       -2  +  0
    -) ⊝2  -  4
       ─────────────
            4  +  1
         -) ④  + 8
         ─────────────
            - 7 ⋯⋯⋯⋯⋯⋯⋯⋯⋯餘式
```

商式 $q(x) = x^2 - 2x + 4$，餘式 $r(x) = -7$。

(2)我們仔細觀察上例，發現有許多數字不寫也沒關係！首先，那三個圈出來的數字可以不寫，因為它不過是在它上面的數字之重排而已，棄之可矣。其次，我們又把方框的數字也省掉，它只是抄錄上面的數字而已。這樣一來，演算式就成為

```
    ①  +0  +  0  +1 │1 + 2
 -)     2            │1 - 2 + 4 ⋯⋯商式
     ─────────────
       ⊝2
    -)     -  4
       ─────────────
            ④
         -)     +8
         ─────────────
            ⊝7
```

(3)我們再把商式省略掉，因為在左側四個圈中，就含有商式及餘式。

⑷將左邊的數字都往上提就成了：

$$
\begin{array}{r}
1 + 0 + 0 + 1 \,\big|\, 1 + 2 \\
-) \quad\ \ 2 - 4 + 8 \\
\hline
-2 + 4 \;\boxed{-7}
\end{array}
$$

⑸數字 2, −4, 8 都是 1, −2, 4 之 (+2) 倍，然後再施行減法，不
如改為 1, −2, 4 之 (−2) 倍，再施行加法。同時最左邊的 1，
我們也乾脆在底下多寫一次，這樣比較整齊：

$$
\begin{array}{r}
1 + 0 \quad + 0 \quad + 1 \,\big|\, 1 + 2 \\
+) \quad -2 \quad + 4 \quad - 8 \\
\hline
1 - 2 \quad + 4 \quad \boxed{-7}
\end{array}
$$

⑹最後一步，右邊的除式 $x+2$，我們認為 x 是當然的，也就省
略。同時，箭頭指的都是乘以 (−2)，這是 $x+2$ 之 2 的負號，
所以我們也改寫為 −2，這就得到下面的**綜合除法**之演算：

被除式 $f(x)=1\cdot x^3+0x^2+0x+1$，除式 $g(x)=x-(-2)$，

$$
\downarrow \qquad \downarrow \qquad \downarrow \qquad \downarrow
$$

$$
\begin{array}{r}
1 \quad +0 \quad +0 \quad +1 \,\big|\, -2 \\
+) \quad\ -2 \quad +4 \quad -8 \\
\hline
1 \quad -2 \quad +4 \quad \boxed{-7}
\end{array}
$$

$$
\downarrow \qquad \downarrow \qquad \downarrow
$$

∴商式　$q(x)=1\cdot x^2-2x+4$，餘式 $r(x)=-7$。　　　■

　　事實上，上述之綜合除法可以用到任何 $f(x)\div(x-\alpha)$ 之演算。我們
說明如下：

（註：除式要為一次式。）

假設 $f(x) = a_n x^n + a_{n-1} x^{n-1} + \cdots + a_1 x + a_0$, $g(x) = x - \alpha$, 並且 $f(x)$ 除以 $g(x)$ 的商式為

$$q(x) = c_{n-1} x^{n-1} + c_{n-2} x^{n-2} + \cdots + c_1 x + c_0$$

餘式為 r，亦即

$$f(x) = g(x)q(x) + r$$

換言之

$$
\begin{aligned}
& a_n x^n + a_{n-1} x^{n-1} + \cdots + a_1 x + a_0 \\
&= (x - \alpha)(c_{n-1} x^{n-1} + c_{n-2} x^{n-2} + \cdots + c_1 x + c_0) + r \\
&= c_{n-1} x^n + (c_{n-2} - \alpha c_{n-1}) x^{n-1} + \cdots + (c_0 - \alpha c_1) x + (r - \alpha c_0)
\end{aligned}
$$

因為兩個多項式恆等的話，對應項的係數相等，所以

$$
\begin{aligned}
c_{n-1} &= a_n \\
c_{n-2} &= a_{n-1} + \alpha c_{n-1} \\
c_{n-3} &= a_{n-2} + \alpha c_{n-2} \\
&\quad\vdots \\
c_0 &= a_1 + \alpha c_1 \\
r &= a_0 + \alpha c_0
\end{aligned}
$$

上述式子的計算方法，就是如下的綜合除法：

例 3　求 $(2x^7 - 8x^6 + x^5 - 9x^4 + 2x^3 + 3x^2 - 12x + 43) \div (x - 4)$ 之商式與餘式。

解

$$
\begin{array}{r}
2 \ - \ 8 \ + \ 1 \ - \ 9 \ + \ 2 \ + \ 3 \ - \ 12 \ + \ 43 \ \big|\underline{4} \\
+) \quad\quad 8 \ + \ 0 \ + \ 4 \ - \ 20 \ - \ 72 \ - \ 276 \ - \ 1152 \\
\hline
2 \ + \ 0 \ + \ 1 \ - \ 5 \ - \ 18 \ - \ 69 \ - \ 288 \ \big| - 1109
\end{array}
$$

商式 $q(x) = 2x^6 + x^4 - 5x^3 - 18x^2 - 69x - 288$，

餘式 $r(x) = -1109$。　∎

例 4　求 $(3x^3 - 11x^2 + 18x - 3) \div (x - \dfrac{2}{3})$ 的商式與餘式。

解

$$
\begin{array}{r}
3 \ - \ 11 \ + \ 18 \ - \ 3 \ \big|\underline{\dfrac{2}{3}} \\
+) \quad\quad 2 \ - \ 6 \ + \ 8 \\
\hline
3 \ - \ 9 \ + \ 12 \ \big| + 5
\end{array}
$$

商式 $q(x) = 3x^2 - 9x + 12$，餘式 $r(x) = 5$。　∎

例 5　求 $(3x^3 - 11x^2 + 18x - 3) \div (3x - 2)$ 的商式與餘式。

解　怎麼做？把 $(3x - 2)$ 改為 $3(x - \dfrac{2}{3})$。先不管 3，只看 $(x - \dfrac{2}{3})$，這是例 4 的問題，故

$$
\begin{aligned}
3x^3 - 11x^2 + 18x - 3 &= (3x^3 - 9x + 12)(x - \frac{2}{3}) + 5 \\
&= 3(x^2 - 3x + 4)(x - \frac{2}{3}) + 5 \\
&= (x^2 - 3x + 4)(3x - 2) + 5
\end{aligned}
$$

商式 $q(x) = x^2 - 3x + 4$，餘式 $r(x) = 5$。　∎

一般而言，多項式 $f(x)$ 被 $(ax - b)$ 除 $(a \neq 0)$，求其商式 $q(x)$ 與餘式 $r(x)$ 的步驟如下：

(1)先求 $f(x) \div (x - \dfrac{b}{a})$，得商式 $q_1(x)$ 及餘式 $r_1(x)$，

(2)那麼原問題之商式 $q(x) = q_1(x) \div a$，

(3)而原問題的餘式 $r(x) = r_1(x)$，即與(1)步驟的餘式相同。

例6 求 $(2x^4 + 5x^3 - x + 11) \div (2x + 1)$ 之商式與餘式。

解 利用綜合除法

$$
\begin{array}{r}
2 + 5 + 0 - 1 + 11\ \underline{\Big|-\dfrac{1}{2}} \\
+)\quad -1 - 2 + 1 + 0\quad\quad \\
\hline
2 + 4 - 2 + 0\ \big|+ 11 \\
\text{再除以 2} \downarrow \quad 1 + 2 - 1 + 0\quad\quad
\end{array}
$$

商式 $q(x) = x^3 + 2x^2 - x$，餘式 $r(x) = 11$。 ∎

習 題 2-2

1.在下列各題中，求 $f(x) \div g(x)$ 之商式與餘式：

(1) $f(x) = x^2 - 2x + 3$, $g(x) = x^2 - x + 1$

(2) $f(x) = x^4 + 2$, $g(x) = x^2 + 2x - 5$

(3) $f(x) = 4x^3 - 9$, $g(x) = 2x^2 - 3$

(4) $f(x) = 3x^3 - 5x^2 + 4x - 1$, $g(x) = x^2 + x + 2$

2.設 $f(x) = 2x^3 + 3x^2 - x + 2$，試分別求 $f(x)$ 除以 $x - 2$, $x + 1$, $x - 1$, $2x - 1$ 之餘式及商式。

3. 利用綜合除法求 $f(x) = x^4 + 2x^3 - x^2 + x$ 除以下列各式所得的商式與

　餘式：

　(1) $x - 2$　(2) $2x - 3$　(3) $3x + 2$

2–3　餘式定理與因式定理

　　設 $f(x)$ 與 $g(x)$ 為兩個多項式，$g(x) \neq 0$。由除法的演算可以得到兩個多項式 $q(x)$ 與 $r(x)$，分別叫做商式與餘式，使得

$$f(x) = g(x) \cdot q(x) + r(x) \tag{1}$$

其中 $r(x) = 0$ 或 $\deg r(x) < \deg g(x)$。

　　特別地，當 $g(x) = ax - b$, $a \neq 0$ 為一次式時，(1)式中的餘式 $r(x)$ 為常數，令其為 r，於是(1)式可以寫成

$$f(x) = (ax - b) \cdot q(x) + r \tag{2}$$

立即看出 $f(\dfrac{b}{a}) = r$。我們把這個重要結論寫成一個定理：

定　理 1

（餘式定理）

設 $f(x)$ 為一個多項式，則 $f(x)$ 被 $ax - b$ 除之的餘數為 $f(\dfrac{b}{a})$。

推　論

多項式 $f(x)$ 被 $(x - \alpha)$ 除之所得的餘數為 $f(\alpha)$。

換言之，多項式 $f(x)$ 被 $(x - \alpha)$ 除之所得的餘數根本就是 $f(x)$ 中的 x 用 α 代進去算的結果。下面定理也是顯然的。

定 理 2

（因式定理）

如果多項式可被 $ax - b$ 整除，即若 $f(x)$ 有 $ax - b$ 之因式，則 $f(\dfrac{b}{a}) = 0$。反過來，如果 $f(\dfrac{b}{a}) = 0$，則 $f(x)$ 有 $(ax - b)$ 之因式。

（註：餘式定理是「兩面刃」：知道了餘數 r，那麼 $f(\dfrac{b}{a})$ 就是 r；反過來，已知 $f(\dfrac{b}{a})$，則知道用 $ax - b$ 去除 $f(x)$ 的餘數 $r = f(\dfrac{b}{a})$。同樣的道理，因式定理也是兩面刃：要證明 $(ax - b)$ 是 $f(x)$ 的因式，那只要證明 $f(\dfrac{b}{a}) = 0$；有時要證明 $f(\dfrac{b}{a}) = 0$，那只要證明 $(ax - b)$ 是 $f(x)$ 的因式就好了。）

例1 求用 $x - 2$ 去除 $f(x) = x^3 + 2x^2 - x + 1$ 的餘數。

解 餘數為

$$f(2) = 2^3 + 2 \cdot 2^2 - 2 + 1 = 15$$

例2 求用 $x + 3$ 去除 $f(x) = x^5 + 2$ 的餘數。

解 餘數為

$$f(-3) = (-3)^5 + 2 = -243 + 2 = -241$$

例3 求用 $2x + 3$ 去除 $f(x) = 2x^3 + x^2 - x + 5$ 的餘數。

解 餘數為

$$f(-\frac{3}{2}) = 2 \cdot (-\frac{3}{2})^3 + (-\frac{3}{2})^2 - (-\frac{3}{2}) + 5 = 2$$

例 4 求用 $2x-1$ 去除 $f(x)=3x^3+x+1$ 之餘數。

解 餘數為

$$f(\frac{1}{2})=3\cdot(\frac{1}{2})^3+\frac{1}{2}+1=\frac{15}{8} \qquad \blacksquare$$

設 $f(x)$ 為一個多項式，如果 $x=\alpha$ 為方程式 $f(x)=0$ 的一根，則 $f(x)$ 具有 $(x-\alpha)$ 的因式。更一般而言，我們有

定 理 3

如果 $\alpha_1,\ \alpha_2,\ \cdots,\ \alpha_n$ 為方程式 $f(x)=0$ 的 n 個相異根，則 $f(x)$ 可以被 $(x-\alpha_1)(x-\alpha_2)\cdots(x-\alpha_n)$ 整除，即存在商式 $q_n(x)$ 使得

$$f(x)=q_n(x)(x-\alpha_1)(x-\alpha_2)\cdots(x-\alpha_n)$$

例 5 設 $f(x)=2x^3+3x^2-2x-3$，易驗知 $f(1)=0,\ f(-1)=0$，故 $f(x)$ 可被 $(x-1)(x+1)=x^2-1$ 整除。 $\qquad \blacksquare$

推 論

設 $f(x)$ 為一個 n 次多項式，則 $f(x)$ 的相異根至多只有 n 個。

例 6 我們要利用餘式定理來探討一個數被 9 除的餘數，從而得出一個數可被 9 整除的條件。

$$\begin{cases} 3816 \div 9 = 424 \cdots\cdots\cdots\cdots 餘\ 0 \\ 3827 \div 9 = 425 \cdots\cdots\cdots\cdots 餘\ 2 \end{cases}$$

這可以改寫成

$$\begin{cases} (3\times 10^3 + 8\times 10^2 + 1\times 10 + 6) \div (10-1) \\ = 4\times 10^2 + 2\times 10 + 4 \cdots\cdots\cdots 餘\ 0 \\ (3\times 10^3 + 8\times 10^2 + 2\times 10 + 7) \div (10-1) \\ = 4\times 10^2 + 2\times 10 + 5 \cdots\cdots\cdots 餘\ 2 \end{cases}$$

再提昇為多項式的除法：令

$$f(x) = 3x^3 + 8x^2 + x + 6$$
$$g(x) = 3x^3 + 8x^2 + 2x + 7$$

考慮 $f(x) \div (x-1)$ 與 $g(x) \div (x-1)$，由餘式定理知餘數分別為 $f(1)$ 與 $g(1)$。顯然

$$f(1) = 3 + 8 + 1 + 6 = 18$$
$$g(1) = 3 + 8 + 2 + 7 = 20$$

即 $f(1)$ 與 $g(1)$ 分別為 3816 與 3827 的各數字之和。18 可被 9 整除，20 被 9 除餘 2。結論就是：

九餘法： 一個數被 9 除所得的餘數等於此數的各數字和被 9 除所得的餘數。從而一個數可被 9 整除的條件是各數字和可被 9 整除。 ∎

$$\boxed{習\ 題\ \ 2\text{-}3}$$

1. 設 n 為自然數，試證 $(x+3)^n - 1$ 可被 $(x+2)$ 整除。

*2. 以 $(x-a)$ 去除 $f(x)$ 得餘數 A，以 $(x-b)$ 去除 $f(x)$ 得餘數 B，試求以 $(x-a)(x-b)$ 去除 $f(x)$ 的餘式。

*3.一個數（自然數）可以被 11 整除的條件是什麼?

4.設 $f(x) = x^3 - x^2 + kx - 12$ 可被 $x - 3$ 整除，試求 k 之值，並且求解方程式 $f(x) = 0$。

5.設 $f(x)$ 為一個三次多項式，若 $f(1) = 0$, $f(0) = 12$, $f(2) = 28$, $f(-1) = 40$，試求 $f(x)$。

6.若 $f(x) = x^3 + ax^2 - 4x - 7$ 以 $x - 2$ 與 $x - 3$ 分別除之，其餘數相同，求 a 之值與餘數。

7.試決定 a, b 之值使得 $2x^3 - x^2 + bx + 4a$ 可被 $(x - 2)(x + 3)$ 整除。

2–4　因式分解

　　把幾個多項式乘起來，得到一個更高次的多項式，這是一種**綜合**；反過來，把一個多項式拆解成幾個次數較低的多項式之乘積，這是一種**分析**，或叫做**因式分解**。兩者都是屬於式子的變形，對於解方程式很有幫助。

　　我們希望把一個多項式分解到不能再分解為止，好像把物質分解到原子的組合一樣，不能再分解的因式叫做**質因式**。這就涉及到因式的係數要限定在什麼數系的範圍。例如，若因式的係數可為複數，則多項式 $x^2 + 1$ 可以分解成

$$x^2 + 1 = (x + i)(x - i)$$

如果將因式的係數限於實數，則 $x^2 + 1$ 已經不可再分解，叫做**不可約多項式**。又如

$$x^2 - 2 = (x + \sqrt{2})(x - \sqrt{2})$$

若因式的係數限於實數，則 $x^2 - 2$ 可分解如上式。但若因式的係數限於有理數，則 $x^2 - 2$ 為不可約多項式。

因此，在作因式分解之前，弄清楚題目所要求的係數的許可範圍，變成很重要。

本節若無特別聲明，多項式與因式的係數皆限於實數系的範圍。

幾個基本的因式分解公式：

(1) $ax + ay = a(x + y)$

(2) $x^2 - y^2 = (x + y)(x - y)$

(3) $x^2 \pm 2xy + y^2 = (x \pm y)^2$

(4) $acx^2 + (ad + bc)x + bd = (ax + b)(cx + d)$

(5) $(x + y + z)^2 = x^2 + y^2 + z^2 + 2xy + 2yz + 2zx$

(6) $x^3 + (a + b + c)x^2 + (ab + bc + ca)x + abc = (x + a)(x + b)(x + c)$

(7) $x^3 \pm 3x^2y + 3xy^2 \pm y^3 = (x \pm y)^3$

(8) $x^3 + y^3 + z^3 - 3xyz = (x + y + z)(x^2 + y^2 + z^2 - xy - yz - zx)$

(9) $x^3 - y^3 = (x - y)(x^2 + xy + y^2)$

(10) $x^3 + y^3 = (x + y)(x^2 - xy + y^2)$

這些公式的熟悉，非常有助於因式分解的工作。

例 1 分解 $x^2 - y^2 - z^2 + 2yz$ 為質因式。

解 $x^2 - y^2 - z^2 + 2yz$

$= x^2 - (y^2 - 2yz + z^2)$

$= x^2 - (y - z)^2$

$= (x + y - z)(x - y + z)$

例 2　分解 $8x^2 + 10x - 3$ 為質因式。

解　　$8x^2 + 10x - 3 = (4x - 1)(2x + 3)$　　■

隨堂練習　因式分解下列各式：

(1) $x^2 + 6x + 9$　　　　　　(2) $4x^2 - 12xy + 9y^2$

(3) $4x^2 - 25y^2$　　　　　　(4) $x^3 + x^2 - x - 1$

(5) $x^4 + x^2 + 1$　　　　　　(6) $x^4 - 3x^2 + 1$

例 3　對 $x^2 - 9x + 20$ 作因式分解。

解　　我們利用十字交乘法

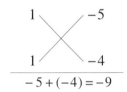

$$-5 + (-4) = -9$$

$$\therefore x^2 - 9x + 20 = (x - 5)(x - 4)$$　　■

例 4　對 $3x^2 - 13x - 10$ 作因式分解。

解

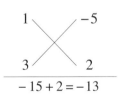

$$-15 + 2 = -13$$

$$\therefore 3x^2 - 13x - 10 = (x - 5)(3x + 2)$$　　■

例 5 對 $48x^2 + 22xy - 15y^2$ 作因式分解。

解

$$
\begin{array}{cc}
6 & 5y \\
8 & -3y \\
\end{array}
$$

$$40y - 18y = 22y$$

$$\therefore 48x^2 + 22xy - 15y^2 = (6x + 5y)(8x - 3y)$$

隨堂練習 對下列各式作因式分解：

(1) $x^2 + 9x + 14$　　　　(2) $x^2 + 3x - 28$

(3) $2x^2 - 13x + 6$　　　　(4) $12x^2 + 25x + 12$

(5) $3a^2 - 7ab - 10b^2$　　　　(6) $16x^2 + 22xy - 45y^2$

例 6
(1) $x^3 + 8 = x^3 + 2^3 = (x + 2)(x^2 - 2x + 4)$

(2) $27a^3 - 8b^3 = (3a)^3 - (2b)^3$

$$= (3a - 2b)[(3a)^2 + (3a)(2b) + (2b)^2]$$

$$= (3a - 2b)(9a^2 + 6ab + 4b^2)$$

隨堂練習 分解下列各式：

(1) $27x^3 - 1$　　　　(2) $64x^3 + 125$

(3) $8a^3 - 125b^3$　　　　(4) $8x^3 + 27$

例 7 求 $x^4 - 13x^2 + 36$ 之因式分解。

解 令 $x^2 = A$，則原式變成

$$x^4 - 13x^2 + 36 = A^2 - 13A + 36$$

$$= (A - 4)(A - 9)$$

$$= (x^2 - 4)(x^2 - 9)$$
$$= (x + 2)(x - 2)(x + 3)(x - 3) \qquad ■$$

例 8　求 $(x^2 + 2x + 6)(x^2 + 2x + 12) - 280$ 之因式分解。

解　令 $x^2 + 2x = A$，則原式變成

$(x^2 + 2x + 6)(x^2 + 2x + 12) - 280$

$= (A + 6)(A + 12) - 280$

$= A^2 + 18A - 208$

$= (A - 8)(A + 26)$

$= (x^2 + 2x - 8)(x^2 + 2x + 26)$

$= (x - 2)(x + 4)(x^2 + 2x + 26) \qquad ■$

例 9　對 $2x^2 + xy - 3y^2 + 4x + y + 2$ 作因式分解。

解　先將原式對 x 作降冪整理得到

$$2x^2 + (y + 4)x - (3y^2 - y - 2)$$

今因

$$3y^2 - y - 2 = (y - 1)(3y + 2)$$

所以原式變成

$$2x^2 + (y + 4)x - (y - 1)(3y + 2)$$

再利用十字交乘法

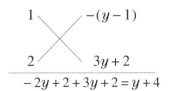

$$-2y + 2 + 3y + 2 = y + 4$$

於是原式分解成如下：

$$2x^2 + (y+4)x - (y-1)(3y+2)$$
$$= [x - (y+1)][2x + (3y+2)]$$
$$= (x - y + 1)(2x + 3y + 2)$$

例 10 對 $a^2(b-c) + b^2(c-a) + c^2(a-b)$ 作因式分解。

解　按 a 作降冪整理，再作分解，得到

$$a^2(b-c) + b^2(c-a) + c^2(a-b)$$
$$= (b-c)a^2 - (b^2 - c^2)a + (b^2c - bc^2)$$
$$= (b-c)a^2 - (b-c)(b+c)a + bc(b-c)$$
$$= (b-c)[a^2 - (b+c)a + bc]$$
$$= (b-c)(a-b)(a-c)$$

例 11 對 $a^4 + a^2b^2 + b^4$ 作因式分解。

解　$a^4 + a^2b^2 + b^4 = (a^4 + 2a^2b^2 + b^4) - a^2b^2$
$$= (a^2 + b^2)^2 - (ab)^2$$
$$= (a^2 + ab + b^2)(a^2 - ab + b^2)$$

例 12 作 $x^4 + 2x^2 + 9$ 之因式分解。

解　　$x^4 + 2x^2 + 9 = (x^4 + 6x^2 + 9) - 4x^2$

$\qquad\qquad = (x^2 + 3)^2 - (2x)^2$

$\qquad\qquad = (x^2 + 2x + 3)(x^2 - 2x + 3)$

例 13 作 $a^3 + b^3 + c^3 - 3abc$ 之因式分解。

解　　由公式 $(a + b)^3 = a^3 + 3a^2b + 3ab^2 + b^3$ 得

$\qquad a^3 + b^3 = (a + b)^3 - 3a^2b - 3ab^2$

$\qquad \therefore a^3 + b^3 + c^3 - 3abc$

$\qquad = (a + b)^3 + c^3 - 3a^2b - 3ab^2 - 3abc$

$\qquad = [(a + b) + c][(a + b)^2 - (a + b)c + c^2] - 3ab(a + b + c)$

$\qquad = (a + b + c)(a^2 + 2ab + b^2 - ac - bc + c^2 - 3ab)$

$\qquad = (a + b + c)(a^2 + b^2 + c^2 - bc - ca - ab)$

習　題　2-4

對下列各式作因式分解：

(1) $x^2 - x - y^2 - y$

(2) $a^2 - c^2 + ab - bc$

(3) $(x - y)(x - y + 5) + 6$

(4) $x^3 - x^2y - x + y$

(5) $x^4 - 2x^2 + 1$

(6) $x^4 - 26x^2y^2 + 25y^4$

(7) $a^4 + a^2 - 20$

(8) $a^4 - 16b^4$

(9) $16x^4 - 81y^4$

(10) $x^4 + x^2y^2 - 2y^4$

(11) $(x^2 + 4x)^2 - 8(x^2 + 4x) - 48$

(12) $2x^2 + 3xy - 2y^2 - 4x + 7y - 6$

(13) $x^2 - xy - 6y^2 - x + 23y - 20$

(14) $2x^2 + xy - x - 2y - 6$

⒂ $a^2 + (2b - 3)a - (3b^2 + b - 2)$　　⒃ $a^4 + 4$

⒄ $x^4 + x^2 + 1$　　⒅ $(a + b + c + 1)(a + 1) + bc$

⒆ $x^3 + y^3 - x^2y - xy^2$　　⒇ $(a - b)^3 + (b - c)^3 + (c - a)^3$

2–5　公因式與公倍式

我們先觀察一個例子：

$$f(x) = x^3 - 6x^2 + 11x - 6$$
$$= (x - 1)(x - 2)(x - 3)$$
$$g(x) = x^4 - 2x^3 - 5x^2 + 6x$$
$$= x(x - 1)(x - 3)(x + 2)$$

其中 $x - 1$, $x - 3$ 以及 $(x - 1)(x - 3)$ 都是 $f(x)$ 與 $g(x)$ 的因式，叫做 $f(x)$ 與 $g(x)$ 的公因式。在公因式中，又以 $(x - 1)(x - 3)$ 的次數最高，所以叫做**最高公因式**。

甲、公因式與最高公因式

> **定義1**
>
> 設 $f(x)$, $g(x)$ 與 $h(x)$ 為多項式，$h(x) \neq 0$。如果 $f(x) = g(x) \cdot h(x)$，則稱 $h(x)$ 為 $f(x)$ 的一個**因式**，並且 $f(x)$ 為 $h(x)$ 的一個**倍式**。

例1　$x^4 - 1 = (x - 1)(x + 1)(x^2 + 1)$，所以 $x - 1$, $x + 1$, $x^2 + 1$ 都是 $x^4 - 1$ 的因式，而 $x^4 - 1$ 則是 $x - 1$, $x + 1$, $x^2 + 1$ 的倍式。　∎

定　義 2

若多項式 $h(x)$ 同時是 $f(x)$ 與 $g(x)$ 的因式，則稱 $h(x)$ 是 $f(x)$ 與 $g(x)$ 的公因式。若 $h(x)$ 是 $f(x)$ 與 $g(x)$ 的公因式中次數最高的，則稱 $h(x)$ 為 $f(x)$ 與 $g(x)$ 的一個**最高公因式**。兩多項式 $f(x)$ 與 $g(x)$，如果沒有次數大於 0 的公因式，則稱 $f(x)$ 與 $g(x)$ **互質**。

例 2　$x^3 + x^2 - 2x = x(x-1)(x+2)$

$x^4 - x^2 = x^2(x-1)(x+1)$

所以 $x, x-1, x(x-1)$ 都是公因式，而 $x(x-1)$ 為最高公因式。

一般而言，因式分解並不是一件很容易的事情。因此，要透過因式分解來求最高公因式往往也不容易。好在我們可以利用輾轉相除法來求最高公因式，這跟求兩整數的最大公因數之輾轉相除法完全平行類推，道理都相同。

輾轉相除法所根據的原理就是下面的定理。

定　理 1

設 $f(x)$ 與 $g(x)$ 為兩個多項式，$\deg f(x) \geq \deg g(x)$。$f(x)$ 除以 $g(x)$ 得到商 $q(x)$ 與餘式 $r(x)$，即

$$f(x) = g(x)q(x) + r(x)$$

則 $g(x)$ 與 $r(x)$ 的最高公因式就是 $f(x)$ 與 $g(x)$ 的最高公因式。

證明　設 $f(x)$ 與 $g(x)$ 的最高公因式為 $h_1(x)$，並且 $h_2(x)$ 為 $g(x)$ 與 $r(x)$ 的 最 高 公 因 式， 則 $h_1(x)$ 可 以 同 時 整 除 $g(x)$ 與

$r(x) = f(x) - g(x)q(x)$，故也是 $g(x)$ 與 $r(x)$ 之公因式。今因 $h_2(x)$ 是 $g(x)$ 與 $r(x)$ 之最高公因式，次數最高，故

$$\deg h_1(x) \le \deg h_2(x)$$

另一方面，$h_2(x)$ 也是 $f(x)$ 與 $g(x)$ 的公因式，故得

$$\deg h_2(x) \le \deg h_1(x)$$

從而，$\deg h_1(x) = \deg h_2(x)$。所以 $h_2(x)$ 也是 $f(x)$ 與 $g(x)$ 的最高公因式。∎

我們用一個實例來展示上述定理的用法。

例 3 求 $f(x) = x^5 - 3x^3 - 2x^2 - 4x - 2$ 與 $g(x) = x^4 - 2x^3 - 2x - 1$ 之最高公因式。

解 先求算 $f(x)$ 除以 $g(x)$：

$$
\begin{array}{r}
1 + 0 - 3 - 2 - 4 - 2 \,\big|\, 1 - 2 + 0 - 2 - 1 \\
\underline{1 - 2 + 0 - 2 - 1} \qquad\quad\big|\, 1 + 2 \\
2 - 3 + 0 - 3 - 2 \\
\underline{2 - 4 + 0 - 4 - 2} \\
1 + 0 + 1 + 0
\end{array}
$$

所以

$$f(x) = (x + 2)g(x) + (x^3 + x)$$

再求算 $g(x)$ 除以 $x^3 + x$：

$$
\begin{array}{r}
1 - 2 + 0 - 2 - 1 \\
1 + 0 + 1 + 0 \\
\hline
- 2 - 1 - 2 - 1 \\
- 2 + 0 - 2 + 0 \\
\hline
- 1 + 0 - 1
\end{array}
\bigg|
\begin{array}{l}
1 + 0 + 1 + 0 \\
1 - 2
\end{array}
$$

所以

$$g(x) = (x - 2)(x^3 + x) + (-x^2 - 1)$$

再求算 $x^3 + x$ 除以 $-x^2 - 1$：

$$
\begin{array}{r}
1 + 0 + 1 + 0 \\
1 + 0 + 1 \\
\hline
0 + 0 + 0 \\
0 + 0 + 0 \\
\hline
0
\end{array}
\bigg|
\begin{array}{l}
- 1 + 0 - 1 \\
- 1 + 0
\end{array}
$$

所以

$$x^3 + x = -x(-x^2 - 1)$$

由上述定理知道，$f(x)$ 與 $g(x)$，$g(x)$ 與 $x^3 + x$，$x^3 + x$ 與 $-x^2 - 1$ 之最高公因式相同（事實上可差一個常數），但是 $x^3 + x$ 與 $-x^2 - 1$ 之最高公因式顯然為 $-x^2 - 1$，所以 $f(x)$ 與 $g(x)$ 之最高公因數為 $-x^2 - 1$。

上述的算法叫做**輾轉相除法**，我們可以將演算過程稍作精簡，如下：

```
 1 + 2 │ 1 - 2 + 0 - 2 - 1 │ 1 + 0 - 3 - 2 - 4 - 2
       │ 1 + 0 + 1 + 0     │ 1 - 2 + 0 - 2 - 1
       │───────────────────│───────────────────
       │   - 2 - 1 - 2 - 1  │   2 - 3 + 0 - 3 - 2
       │   - 2 + 0 - 2 + 0  │   2 - 4 + 0 - 4 - 2
-1 + 0 │     - 1 + 0 - 1    │     1 + 0 + 1 + 0  │ 1 - 2
       │  最後不為 0 的除式  │     1 + 0 + 1
       │  就是最高公因式    │   ───────────────
       │                   │       0 + 0 + 0
       │                   │       0 + 0 + 0
       │                   │   ───────────────
       │                   │           0
```

隨堂練習 利用輾轉相除法求 $f(x) = x^6 + x^3 + 1$ 與 $g(x) = x^4 + x^2 + 1$ 之最高公因式。

將上例的演算方法一般化，就是一般形式的輾轉相除法：設 $f(x)$ 與 $g(x)$ 為兩個多項式，$\deg f(x) \geq \deg g(x) > 0$。

(1) $f(x)$ 除以 $g(x)$ 得

$$f(x) = g(x)q_1(x) + r_1(x)$$

(2) $g(x)$ 除以 $r_1(x)$ 得

$$g(x) = r_1(x)q_2(x) + r_2(x)$$

(3) $r_1(x)$ 除以 $r_2(x)$ 得

$$r_1(x) = r_2(x)q_3(x) + r_4(x)$$

$$\vdots$$

⑷ $r_{n-1}(x)$ 除以 $r_n(x)$ 得

$$r_{n-1}(x) = r_n(x)q_{n+1}(x) \qquad （整除）$$

那麼反覆利用上述定理就知道 $r_n(x)$ 為 $f(x)$ 與 $g(x)$ 的最高公因式。

乙、公倍式與最低公倍式

定 義 3

設 $f(x)$, $g(x)$, $h(x)$ 為三個多項式，若 $h(x)$ 同時是 $f(x)$ 與 $g(x)$ 的倍式，則稱 $h(x)$ 為 $f(x)$ 與 $g(x)$ 的公倍式。若 $h(x)$ 進一步是公倍式中次數最低者，則稱 $h(x)$ 為 $f(x)$ 與 $g(x)$ 的**最低公倍式**。

（註：公因數貴在最大，公倍數貴在最小。同理，公因式貴在最高，公倍式貴在最低。）

例 4　$x^3 + x^2 - 2x = x(x-1)(x+2)$

$x^4 - x^2 = x^2(x-1)(x+1)$

所以最低公倍式為 $x^2(x-1)(x+1)(x+2)$。　∎

隨堂練習　求 $f(x) = x^4 - 4x^3 + 5x^2 - 8x + 6$ 與 $g(x) = x^2 - 1$ 之最高公因式與最低公倍式。

　　兩個整數的乘積就等於它們的最大公因數與最小公倍數的乘積。所以當我們已經求得最大公因數時，只需將兩整數相乘，再除以最大公因數，就得到了最小公倍數。

　　對於多項式的情形也成立，這就是下面的結果。

定　理2

設兩多項式 $f(x)$ 與 $g(x)$ 的最高公因式為 $d(x)$，則 $f(x) \times g(x)$ 除以 $d(x)$ 的商，就是 $f(x)$ 與 $g(x)$ 的最低公倍式。

證明　設 $f(x) = d(x)q_1(x)$，$g(x) = d(x)q_2(x)$，則 $q_1(x)$ 與 $q_2(x)$ 為互質的多項式，即它們不再含有一次以上的公因式。因此，$q_1(x)$ 與 $q_2(x)$ 的最低公倍式為 $q_1(x)q_2(x)$。從而，$f(x)$ 與 $g(x)$ 的最低公倍式是 $d(x)q_1(x)q_2(x)$，這等於 $\dfrac{f(x)g(x)}{d(x)}$。 ■

例5　求 $f(x) = x^3 - 6x^2 + 11x - 6$ 與 $g(x) = x^3 - 3x^2 + 19x - 12$ 之最低公倍式。

解　由輾轉相除法可求得 $f(x)$ 與 $g(x)$ 之最高公因式為 $x^2 - 4x + 3$。於是，$f(x)$ 與 $g(x)$ 之最低公倍式為

$$\frac{(x^3 - 6x^2 + 11x - 6)(x^3 - 3x^2 + 19x - 12)}{(x^2 - 4x + 3)}$$

$$= (x - 4)(x^3 - 6x^2 + 11x - 6)$$ ■

例6　兩個二次多項式 $f(x)$ 與 $g(x)$ 的最高公因式為 $x - 1$，最低公倍式為 $x(x^2 - 1)$，試求 $f(x)$ 與 $g(x)$。

解　設 $f(x)$ 與 $g(x)$ 的最高公因式為 $h(x)$，最低公倍式為 $d(x)$，則得

$$f(x) = h(x)q_1(x), \quad g(x) = h(x)q_2(x)$$

其中 $q_1(x)$ 與 $q_2(x)$ 互質。今因

$$f(x)g(x) = [h(x)]^2 q_1(x)q_2(x)$$

$$\therefore q_1(x)q_2(x) = \frac{f(x)g(x)}{h(x)} \cdot \frac{1}{h(x)}$$

$$= \frac{d(x)}{h(x)} = \frac{x(x^2-1)}{x-1}$$

$$= x(x+1)$$

由於 $f(x)$ 與 $g(x)$ 皆為二次式，故可取

$$q_1(x) = x,\ q_2(x) = x+1$$

所以

$$f(x) = x(x-1) = x^2 - x$$
$$g(x) = (x+1)(x-1) = x^2 - 1$$

隨堂練習　設 $f(x)$ 與 $g(x)$ 皆為二次多項式，最大公因式為 $x-2$，最低公倍式為 $(x-2)^2(x+4)$，試求 $f(x)$ 與 $g(x)$。

$$\boxed{習\quad 題\quad 2\text{-}5}$$

1. 利用輾轉相除法求下列兩多項式 $f(x)$ 與 $g(x)$ 的最高公因式，然後再求最低公倍式。

    (1) $f(x) = 2x^3 + x^2 + x - 1$，$g(x) = x^4 + 5x^3 + 6x^2 + 5x + 1$

    (2) $f(x) = 2x^3 - x^2 + x + 2$，$g(x) = 2x^4 + 3x^3 + 4x^2 + 2x + 4$

2. 求兩整係數多項式 $f(x)$ 與 $g(x)$ 使其具有下列性質：

    (1) 最低公倍式是 $2x^3 - 9x^2 + 7x + 6$，最高公因式是 $2x + 1$。

    (2) 最低公倍式是 $6x^3 + 7x^2 - 16x - 12$，最高公因式是 $2x - 3$。

3. 求最小公倍式：

    (1) $f(x) = x^3 + x^2 - x + 1$，$g(x) = x^3 - x^2 - x - 1$

    (2) $f(x) = x^2 - 2x + 3$，$g(x) = x^4 + 2x^3 + x^2$

第三章　分式與無理式

A, B 為多項式時，$\dfrac{A}{B}$ 的形式稱為**分式**，A 為分式的**分子**，B 為分式的**分母**。但是，分母須不為零。

（註：相對於分式，多項式又叫**整式**，分母為非零常數時，分式又「退化」成整式！）

$\sqrt{x}$, $x+1+\sqrt{25-x^2}$, $\sqrt{\dfrac{x-1}{x+1}}$ 等等，凡根號中含有文字者，稱為**根式**，這是代數的**無理式**，相對的，以前的整式與分式合稱為**有理式**。

本章我們要來探討有理式與無理式的演算，基本上這還是建立在多項式的演算基礎上面。多項式、有理式與無理式的演算是代數學的基本功夫。

3–1　分式及其演算

在第二章開頭我們說過，**整式**（即**多項式**）相當於**整數**，而**分式**（即**有理式**）相當於**分數**（即**有理數**）。

作兩個整數 a, b 之比就得到分數 $\dfrac{a}{b}$；同樣，作兩個多項式 $f(x)$, $g(x)$ 之比就得到分式 $\dfrac{f(x)}{g(x)}$（此地，必須要求 $b \neq 0$, $g(x) \neq 0$）。取 $g(x)=1$，我們發現多項式 $f(x)=\dfrac{f(x)}{1}$ 是分式的特例。分式又叫做**有理式**。

這個類推對於假分數也恰當。若 a, $b \in \mathbb{N}$ 且 $a \geq b$，則分數 $\dfrac{a}{b}$ 是**假分數**；當 $a < b$ 時，$\dfrac{a}{b}$ 叫做**真分數**。同樣，若 $f(x)$, $g(x)$ 為兩個多項式，且 $\deg f(x) \geq \deg g(x) \geq 0$，那麼單項分式 $\dfrac{f(x)}{g(x)}$ 叫做**假分式**。當 $\deg f(x) < \deg g(x)$ 時，$\dfrac{f(x)}{g(x)}$ 叫做**真分式**。

利用除法演算，求出 $f(x)$ 除以 $g(x)$ 的商式及餘式，那麼 $f(x) = g(x) \cdot q(x) + r(x)$，其中 $r(x) = 0$ 或 $\deg r(x) < \deg g(x)$，所以

$$\frac{f(x)}{g(x)} = q(x) + \frac{r(x)}{g(x)}$$

今若 $r(x) \neq 0$，則 $\dfrac{r(x)}{g(x)}$ 為**真分式**，因為 $\deg r(x) < \deg g(x)$。真分式與多項式之和叫做**帶分式**。

把單項假分式化為帶分式就是分式的第一種演算。

例1 化 $\dfrac{3x^3 - 7x^2 + 6x + 5}{2x^2 + 4x - 3}$ 為帶分式。

解 利用分離係數法作除法演算：

$$
\begin{array}{rrrr|rrr}
3 & -7 & +6 & +5 & 2 & +4 & -3 \\
3 & +6 & -\frac{9}{2} & & \frac{3}{2} & -\frac{13}{2} & \cdots\cdots\text{商式} \\
\hline
& -13 & +\frac{21}{2} & +5 & \\
& -13 & -26 & +\frac{39}{2} & \\
\hline
& & \frac{73}{2} & -\frac{29}{2} & \cdots\cdots\cdots\cdots\text{餘式}
\end{array}
$$

$$\therefore \text{原式} = \left(\frac{3}{2}x - \frac{13}{2}\right) + \frac{\left(\frac{73}{2}\right)x - \left(\frac{29}{2}\right)}{2x^2 + 4x - 3}$$

（註：在算術中，帶分數 $7 + \dfrac{1}{3}$ 就寫成 $7\dfrac{1}{3}$（唸成七又三分之一，絕不是七乘以三分之一），但是在這裡 $q(x) + \dfrac{r(x)}{g(x)}$ 可就不能寫成 $q(x)\dfrac{r(x)}{g(x)}$，加號不可省略！）

跟分數的約分一樣，我們也可以對單項分式進行**約分**，這可以說是分式的第二種運算：把分子與分母同除以一個公因式。約分通常指的是完全的約分，也就是除以最高公因式，這時分子、分母就**互質**了，而分式成為**既約分式**。

例2　化分式 $\dfrac{x^2+x-6}{x^2-6x+8}$ 為既約分式。

解　利用因式分解法，

$$原式 = \frac{(x-2)(x+3)}{(x-2)(x-4)} = \frac{x+3}{x-4}。$$

單項分式的和叫做**多項分式**，也簡稱為**分式**。分式的第三種運算是「**反約分**」：方法是把分子與分母同乘以一個多項式。這跟分數的情形完全相同。通常這是為了加法與減法運算的需要，須把各項分式的分母化成相同，這就是「**通分**」。所以我們把反約分都叫做通分。

例3　化簡 $\dfrac{1}{1-x} + \dfrac{1}{1+x} + \dfrac{2}{1+x^2} - \dfrac{4}{1+x^4}$。

解　
$$原式 = \frac{1+x+1-x}{(1-x)(1+x)} + \frac{2}{1+x^2} - \frac{4}{1+x^4}$$

$$= \frac{2}{1-x^2} + \frac{2}{1+x^2} - \frac{4}{1+x^4}$$

$$= \frac{2(1+x^2+1-x^2)}{(1-x^2)(1+x^2)} - \frac{4}{1+x^4}$$

$$= \frac{4}{1-x^4} - \frac{4}{1+x^4} = \frac{4[(1+x^4)-(1-x^4)]}{(1-x^4)(1+x^4)}$$

$$= \frac{8x^4}{1-x^8}$$

（註：這個例子用逐項通分較簡潔。）

例 4 化簡 $\dfrac{x-4}{x-5}+\dfrac{x-8}{x-9}-\dfrac{x-5}{x-6}-\dfrac{x-7}{x-8}$。

解 先把各項化為帶分式。

$$原式 = 1 + \frac{1}{x-5} + 1 + \frac{1}{x-9} - (1 + \frac{1}{x-6}) - (1 + \frac{1}{x-8})$$

$$= \frac{1}{x-5} - \frac{1}{x-6} + \frac{1}{x-9} - \frac{1}{x-8} \qquad （交換順序）$$

$$= \frac{-1}{(x-5)(x-6)} + \frac{1}{(x-8)(x-9)}$$

$$= \frac{(x-5)(x-6)-(x-8)(x-9)}{(x-5)(x-6)(x-8)(x-9)}$$

$$= \frac{6x-42}{(x-5)(x-6)(x-8)(x-9)}$$

例 5 化簡分式 $\dfrac{1}{x-3}+\dfrac{3}{x+1}-\dfrac{3}{x-1}-\dfrac{1}{x+3}$。

解
$$原式 = (\frac{1}{x-3} - \frac{1}{x+3}) + 3(\frac{1}{x+1} - \frac{1}{x-1})$$

$$= \frac{6}{x^2-9} - \frac{6}{x^2-1} = \frac{6[(x^2-1)-(x^2-9)]}{(x^2-9)(x^2-1)}$$

$$= \frac{48}{(x^2-1)(x^2-9)}$$

例 6 化簡 $\dfrac{x^2+2x+1}{x^3-1} \cdot \dfrac{x^2+x+1}{4x^2} \cdot \dfrac{x}{x^2-2x+1}$。

解
$$原式 = \frac{(x+1)^2}{(x-1)(x^2+x+1)} \cdot \frac{x^2+x+1}{4x^2} \cdot \frac{x}{(x-1)^2}$$

$$= \frac{(x+1)^2}{4x(x-1)^3}$$

例 7 　化簡 $\dfrac{x^2+2x-15}{x^2+8x-33} \div \dfrac{x^2+9x+20}{x^2+7x-44}$。

解 　原式 $= \dfrac{(x+5)(x-3)}{(x+11)(x-3)} \div \dfrac{(x+4)(x+5)}{(x+11)(x-4)}$

$$= \frac{(x+5)}{(x+11)} \cdot \frac{(x+11)(x-4)}{(x+4)(x+5)} = \frac{x-4}{x+4}$$

隨堂練習 　化簡下列各分式：

(1) $\dfrac{a-b}{ab} + \dfrac{b-c}{bc} + \dfrac{c-a}{ca}$

(2) $\dfrac{x^2-x+1}{x-1} + \dfrac{x^2+x+1}{x+1}$

(3) $\dfrac{1}{1-x} + \dfrac{1}{1+x} + \dfrac{2}{1+x^2}$

(4) $\dfrac{x+2}{x} - \dfrac{x+3}{x+1} - \dfrac{x-5}{x-3} + \dfrac{x-6}{x-4}$

(5) $\dfrac{x^2-y^2}{x^2-2xy+y^2} \times \dfrac{x-y}{x^2+xy}$

(6) $\dfrac{x^2+3x+2}{x^2-5x+6} \div \dfrac{x^2+4x+3}{x^2+x-12}$

由上述的例子，大家就看得出來：兩個分式經過加減乘除的運算以後，還是得到一個分式；而兩個多項式的和、差、積雖仍是多項式，但是兩多項式的商就不一定是多項式了。

例 8 　化簡 $\dfrac{\dfrac{x}{1+\dfrac{1}{x}} - \dfrac{1}{x+1} + 1}{\dfrac{x}{1-\dfrac{1}{x}} - \dfrac{1}{x-1} - x}$。

解 　這是**繁分式**，跟繁分數的情形相似，化簡的要領也相同。

$$\text{分子} = \frac{x}{\frac{x+1}{x}} - \frac{1}{x+1} + 1 = \frac{x^2-1}{x+1} + 1 = (x-1) + 1 = x$$

$$\text{分母} = \frac{x}{\frac{x-1}{x}} - \frac{1}{x-1} - x = \frac{x^2}{x-1} - \frac{1}{x-1} - x$$

$$= \frac{x^2-1}{x-1} - x = (x+1) - x = 1$$

$$\therefore \text{原式} = \frac{x}{1} = x。$$

隨堂練習 化簡下列各式：

(1) $\dfrac{x}{1+\dfrac{1}{1+x}}$

(2) $\dfrac{x^2}{x+\dfrac{1}{x-\dfrac{1}{x}}}$

習 題 3−1

將下列各分式化簡之：

(1) $\dfrac{8a^3b^2c^4}{12a^2b^3c^2}$

(2) $\dfrac{x^2-5x+6}{x^2-7x+12}$

(3) $\dfrac{x^2-y^2}{x^3-y^3}$

(4) $\dfrac{x^8-1}{(x^4+1)(x^2-1)}$

(5) $\dfrac{1}{x-2} - \dfrac{2}{x(x-2)}$

(6) $\dfrac{x}{x+y} + \dfrac{y}{x-y} + \dfrac{2xy}{x^2-y^2}$

(7) $\dfrac{x-1}{x-2} - \dfrac{x-3}{x-4} - \dfrac{x-5}{x-6} + \dfrac{x-7}{x-8}$

(8) $\dfrac{2a^2}{3bc} \times \dfrac{6b^2c}{8a}$

(9) $\dfrac{x^3yz^2}{a^5b^2c^3} \div \dfrac{x^3y^2z^5}{a^5b^3c^2}$

(10) $\dfrac{x^2-1}{x^2+3x-10} \times \dfrac{x^2-25}{x^2-3x-4}$

(11) $\dfrac{x^2 - y^2}{x^2 + 2xy + y^2} \times \dfrac{xy + y^2}{x^2 - xy}$

(12) $\dfrac{x + 1 + \dfrac{1}{x-1}}{x - 1 - \dfrac{1}{x-1}}$

(13) $1 - \dfrac{1}{1 - \dfrac{1}{1 - \dfrac{1}{1 - \dfrac{1}{x}}}}$

(14) $\dfrac{1}{a - \dfrac{1}{a + \dfrac{1}{a}}} + \dfrac{1}{a + \dfrac{1}{a - \dfrac{1}{a}}}$

3–2　部分分式

　　現在介紹分式的第四種運算。這跟前述三種恰好反其道而行，要把**單項分式**化成許多項的分式之和。在分數的情形，把 $\dfrac{1}{2}$ 寫成 $\dfrac{1}{3} + \dfrac{1}{6}$ 可以說沒什麼道理，通常沒有好處。在分式的情形，把 $\dfrac{2}{x^2 - 1}$ 寫成 $\dfrac{1}{x - 1} - \dfrac{1}{x + 1}$ 常有它的好處（例如求算積分），這種運算叫做**部分分式法**。部分分式法的好處就是，把較繁的單項分式化成數個較簡單的分式之和，以便「以簡御繁」。這是**分析** (analysis) 的一面；反過來，把許多個分式加起來成為一個單項分式，則是一種**綜合** (synthesis)：

$$\dfrac{2}{x^2 - 1} \overset{\text{分析}}{\underset{\text{綜合}}{=}} \dfrac{1}{x - 1} + \dfrac{-1}{x + 1}$$

　　部分分式法就是把單項真分式寫成許多項的和，每一項都是真分式，而且分母是質式或質式的乘方，並且分子的次數又比這質式的次數低。

例 1　化 $\dfrac{5x+1}{(x+2)(x-1)}$ 為部分分式。

解 1　令 $\dfrac{5x+1}{(x+2)(x-1)} = \dfrac{A}{x+2} + \dfrac{B}{x-1}$，

將等號的右式通分得到

$$\dfrac{5x+1}{(x+2)(x-1)} = \dfrac{Ax-A+Bx+2B}{(x+2)(x-1)} \tag{1}$$

$$= \dfrac{(A+B)x+(2B-A)}{(x+2)(x-1)}$$

比較兩邊分子的對應項的係數得

$$\begin{cases} 5 = A+B \\ 1 = 2B-A \end{cases}$$

解得 $A=3$, $B=2$。所以

原式 $= \dfrac{3}{x+2} + \dfrac{2}{x-1}$。

解 2　算到(1)式後，把(1)式改成

$$\dfrac{5x+1}{(x+2)(x-1)} = \dfrac{A(x-1)+B(x+2)}{(x+2)(x-1)}$$

於是得到 $5x+1 = A(x-1)+B(x+2)$

令 $x=1$，則得 $6=3B$，故 $B=2$。又令 $x=-2$，則得 $-9=-3A$，

故 $A=3$。

（註：用解法 2 解 A, B 時，不需要求解聯立方程式，所以比起解法 1 來，要快得

　　多！這種細微的地方，可以簡化解題的步驟，所以不能忽視。）

　　如果原來的分式之分母是 $(x-1)^3$，那麼分項後的分母將各是

$(x-1)$, $(x-1)^2$, $(x-1)^3$，而分子是常數。如果原來的分母是 $(x^2+1)^2$

$(x+1)^2$，則分項的分母將是 (x^2+1), $(x^2+1)^2$, $(x+1)$, $(x+1)^2$，分子

呢？對應於 (x^2+1) 與 $(x^2+1)^2$ 的分子，其次數都是 ≤ 1 的，而對應於

$(x+1)$ 與 $(x+1)^2$ 項的分子都是常數。讓我們舉例來說明。

例2 化 $\dfrac{x^2 + x + 1}{(2x+1)(x^2+1)}$ 為部分分式。

解 在分母中，$(2x+1)$ 及 (x^2+1) 都是 $\mathbb{R}[x]$ 中的質式。今令

$$原式 = \frac{A}{2x+1} + \frac{Bx+C}{x^2+1}$$

$$= \frac{A(x^2+1) + (Bx+C)(2x+1)}{(2x+1)(x^2+1)}$$

$$= \frac{(A+2B)x^2 + (B+2C)x + (A+C)}{(2x+1)(x^2+1)}$$

比較兩邊分子的對應項的係數得

$$\begin{cases} A + 2B = 1 \\ B + 2C = 1 \\ A + C = 1 \end{cases} \tag{2}$$

解得 $A = \dfrac{3}{5}$, $B = \dfrac{1}{5}$, $C = \dfrac{2}{5}$

這也可以另解如下：在下式

$$x^2 + x + 1 = A(x^2+1) + (Bx+C)(2x+1)$$

之中，令 $x = -\dfrac{1}{2}$，則得

$$\frac{1}{4} - \frac{1}{2} + 1 = A\left(\frac{1}{4} + 1\right)$$

故 $A = \dfrac{3}{5}$。至於 B, C 的求法，可以用 A 的值代入聯立方程式(2)

而求得。

$$原式 = \frac{3}{5} \cdot \frac{1}{2x+1} + \frac{1}{5} \cdot \frac{x+2}{x^2+1} \qquad\blacksquare$$

例 3 化 $\dfrac{x+1}{x(x-1)^2}$ 為部分分式。

解 令 $\dfrac{x+1}{x(x-1)^2} = \dfrac{A}{x} + \dfrac{B}{x-1} + \dfrac{C}{(x-1)^2}$

通分得

$$\dfrac{x+1}{x(x-1)^2} = \dfrac{A(x-1)^2 + Bx(x-1) + Cx}{x(x-1)^2}$$

$$= \dfrac{(A+B)x^2 - (2A+B-C)x + A}{x(x-1)^2}$$

$\therefore x+1 = (A+B)x^2 - (2A+B-C)x + A$

比較兩邊對應項的係數得

$$\begin{cases} A+B=0 \\ 2A+B-C=-1 \\ A=1 \end{cases}$$

解得 $A=1$，$B=-1$，$C=2$

$\therefore \dfrac{x+1}{x(x-1)^2} = \dfrac{1}{x} - \dfrac{1}{x-1} + \dfrac{2}{(x-1)^2}$

例 4 化 $\dfrac{x^3 - 3x^2 + 2x - 3}{(x^2+1)^2}$ 為部分分式。

解 利用除法，用 x^2+1 去除 $x^3 - 3x^2 + 2x - 3$ 得

$$\dfrac{x^3 - 3x^2 + 2x - 3}{(x^2+1)} = (x-3) + \dfrac{x}{x^2+1}$$

兩邊除以 (x^2+1) 得

$$\dfrac{x^3 - 3x^2 + 2x - 3}{(x^2+1)^2} = \dfrac{x-3}{x^2+1} + \dfrac{x}{(x^2+1)^2}$$

這就是所求的。

隨堂練習　化下列各分式為部分分式：

(1) $\dfrac{1}{x^2 - a^2}$　　　　(2) $\dfrac{7x - 11}{x^2 - 4x - 5}$

(3) $\dfrac{1}{(x-1)(x-2)(x-3)}$

習　題　3-2

試化簡下列各分式為部分分式：

(1) $\dfrac{3x + 7}{(x-1)(x-2)}$　　　　(2) $\dfrac{x + 1}{(x^2+1)(x^2+x+1)}$

(3) $\dfrac{x^3 + 6}{(x-2)^4}$　　　　(4) $\dfrac{x^2 + 1}{x(x+1)^2}$

(5) $\dfrac{x^2 - x + 1}{(x^2+1)(x-1)^2}$　　　　(6) $\dfrac{7x - 11}{x^2 - 4x - 5}$

(7) $\dfrac{1}{(x-1)(x^3-3)}$　　　　(8) $\dfrac{x^4 + 1}{x(x-1)^2}$

(9) $\dfrac{6x^2 + x + 1}{(x^2+1)(x-2)(x+3)}$　　　　(10) $\dfrac{x^4 + 1}{(x-1)(2x+3)(3x-4)}$

3-3　無理式及其演算

甲、n 次方根

在數學中的各種運算，有一個很奇妙的性質，即有一個運算就伴隨有一個逆運算，例如

平方與開方互逆：

$$2 \xrightarrow{\text{平方}()^2} 4$$
$$2 \xleftarrow{\text{開平方 } \sqrt{}} 4$$

下面我們要討論一般的開 n 次方 $\sqrt[n]{a}$ 的意思，其中 $n = 2, 3, 4, \cdots$。我們先看 $n = 2$ 與 $n = 3$ 的特例。

(1) $n = 2$ 的情形

（註：$\sqrt[2]{a}$ 簡寫成 $\sqrt{a}$。）

$\sqrt{4} = 2$，叫做 4 的**開平方**。因此，$\sqrt{4}$ 是方程式 $x^2 = 4$ 的正根，另一根為 $-\sqrt{4} = -2$。

(2) $n = 3$ 的情形

$\sqrt[3]{27} = 3$，叫做 27 的**開立方**。$\sqrt[3]{27}$ 是方程式 $x^3 = 27$ 的正實根。另一方面，$\sqrt[3]{-27} = \sqrt[3]{(-3)^3} = -3$ 是方程式 $x^3 = -27$ 的負實根。

一般而言，對於一個實數 $a \in \mathbb{R}$，$\sqrt[n]{a}$ 是什麼意思？由上述特例我們觀察到，當 n 為偶數與奇數兩種情形不一樣。因此，我們分成兩種情形來討論：

(1) 當 $n = 2, 4, 6, \cdots$ 為偶數的情形

此時，對於任意 $a \geq 0$，恆存在唯一的正實數 b，使得 $b^n = a$，記

此 b 為 $\sqrt[n]{a}$，叫做 a 的 **開 n 次方**。例如，因為 $3^4 = 81$，所以 $\sqrt[4]{81} = 3$。

當 $a < 0$ 時，找不到實數 b，使得 $b^n = a$，因為任何實數的偶數次方必為正實數。

(2)當 $n = 3, 5, 7, \cdots$ 為奇數的情形

此時，對於任意實數 a，恆存在唯一的實數 b，使得 $b^n = a$，記此 b 為 $\sqrt[n]{a}$，叫做 a 的 **開 n 次方**。例如：

因為 $2^5 = 32$，所以 $\sqrt[5]{32} = 2$。

因為 $(-4)^5 = -1024$，所以 $\sqrt[5]{(-1024)} = -4$。

結論：

(1)當 $a > 0$ 時，n 不論奇數或偶數，$\sqrt[n]{a}$ 為正數。

(2)當 $a < 0$ 且 n 為奇數時，$\sqrt[n]{a}$ 為負數。

(註：當 $a = 0$ 時，$\sqrt[n]{a} = 0$，不論 n 為奇數或偶數。)

例 1　$\sqrt{36} = 6$, $\sqrt{(-6)^2} = \sqrt{36} = 6$

$\sqrt{\dfrac{1}{9}} = \dfrac{1}{3}$, 因為 $(\dfrac{1}{3})^2 = \dfrac{1}{3} \cdot \dfrac{1}{3} = \dfrac{1}{9}$

$\sqrt{\dfrac{25}{64}} = \dfrac{5}{8}$, 因為 $(\dfrac{5}{8})^2 = \dfrac{5}{8} \cdot \dfrac{5}{8} = \dfrac{25}{64}$

$\sqrt[4]{625} = \sqrt[4]{5^4} = 5$, $\sqrt[3]{216} = \sqrt[3]{6^3} = 6$

隨堂練習　求下列各式的值：

$\sqrt{256}$, $\sqrt{\dfrac{100}{121}}$, $\sqrt{225}$, $\sqrt{\dfrac{144}{81}}$, $\sqrt[3]{216}$, $\sqrt[3]{-\dfrac{1}{27}}$, $\sqrt[3]{\dfrac{27}{125}}$, $\sqrt[3]{-125}$,

$\sqrt[4]{\dfrac{81}{16}}$, $\sqrt[4]{0.0256}$, $\sqrt[4]{0.0016}$, $\sqrt[4]{\dfrac{1}{81}}$

　　我們也稱 $\sqrt[n]{a}$ 之形的數為**根數**。根數之間的運算具有下列的運算律，叫做**根數定律**:

定　理

(1) $(\sqrt[n]{a})^n = a$

(2)若 $a \geq 0$ 且 n 為偶數，則 $\sqrt[n]{a^n} = a$

(3)若 $a \geq 0$ 且 $b \geq 0$，則 $\sqrt[n]{a \cdot b} = \sqrt[n]{a} \cdot \sqrt[n]{b}$

(4)若 $a \geq 0$ 且 $b > 0$，則 $\sqrt[n]{\dfrac{a}{b}} = \dfrac{\sqrt[n]{a}}{\sqrt[n]{b}}$

(5)若 $a \geq 0$，則 $(\sqrt[n]{a})^m = \sqrt[n]{a^m}$

(6)若 $a \geq 0$，則 $\sqrt[m]{\sqrt[n]{a}} = \sqrt[mn]{a}$

　　這些運算律都可以由根數的定義推導出來。我們舉(3)為例證明如下:
因為 $(\sqrt[n]{ab})^n = ab$，並且

$$(\sqrt[n]{a} \cdot \sqrt[n]{b})^n = (\sqrt[n]{a})^n (\sqrt[n]{b})^n = ab$$

故 $\sqrt[n]{ab} = \sqrt[n]{a}\sqrt[n]{b}$。

例2　化簡 $\dfrac{1}{\sqrt{5} - \sqrt{2}}$。

解　$\dfrac{1}{\sqrt{5} - \sqrt{2}} = \dfrac{\sqrt{5} + \sqrt{2}}{(\sqrt{5} - \sqrt{2})(\sqrt{5} + \sqrt{2})}$

$\qquad\qquad = \dfrac{\sqrt{5} + \sqrt{2}}{(\sqrt{5})^2 - (\sqrt{2})^2}$

$\qquad\qquad = \dfrac{\sqrt{5} + \sqrt{2}}{5 - 2} = \dfrac{\sqrt{5} + \sqrt{2}}{3}$

這種將分母的無理根數 ($\sqrt{5} - \sqrt{2}$) 乘以 ($\sqrt{5} + \sqrt{2}$) 得到有理數 3，叫做有理化。

隨堂練習　化簡下列各式：

(1) $\dfrac{3 + \sqrt{6}}{\sqrt{3} + \sqrt{2}}$

(2) $4\sqrt{2} + 3\sqrt{2} - 5\sqrt{2}$

(3) $\sqrt[3]{32} - \sqrt[3]{2} + 2\sqrt[3]{16} + \sqrt[3]{108}$

(4) $2\sqrt{12} \cdot \sqrt{6} \cdot 3\sqrt{8}$

乙、根式或無理式

根數與**根式**是平行類推，並且根式的運算（包括四則運算、化簡、有理化等等）所根據的原理就是**根數定律**。

將根數 $\sqrt[n]{a}$ 中的 a 改為多項式或分式就得到了**根式**，例如 $\sqrt{x^2 + 1}$，$\sqrt[3]{2x^3 + x - 2}$，$\sqrt[5]{\dfrac{2x}{x^3 + 3}}$。

例 3　化簡 $\sqrt[3]{\dfrac{x^2 - x + 1}{9(x+1)^2}}$。

解　$\sqrt[3]{\dfrac{x^2 - x + 1}{9(x+1)^2}} = \sqrt[3]{\dfrac{3(x+1)(x^2 - x + 1)}{27(x+1)^3}} = \dfrac{\sqrt[3]{3(x^3 + 1)}}{3(x+1)}$

隨堂練習　化簡下列各式：

(1) $\sqrt{27a^2 b^5}$

(2) $\sqrt[6]{8x^3}$

(3) $(\sqrt[3]{2xy^2})^2$

(4) $\sqrt[6]{\sqrt{32x^{15} y^{20}}}$

例 4　化簡 $\sqrt[3]{x^4 + x^3 y} + \sqrt[3]{xy^6 + y^7} - \sqrt[3]{(x^2 - y^2)(x - y)^2}$。

解　原式 $= x^3\sqrt[3]{x+y} + y^2\sqrt[3]{x+y} - (x-y)^3\sqrt[3]{x+y}$

　　　　$= (x + y^2 - x + y)\sqrt[3]{x+y} = y(y+1)\sqrt[3]{x+y}$

例 5　化簡 $\sqrt[3]{x^2y} \cdot \sqrt[4]{x^3y^5}$。

解　原式 $= \sqrt[12]{x^8y^4} \cdot \sqrt[12]{x^9y^{15}} = \sqrt[12]{x^8y^4 \cdot x^9y^{15}}$

　　　　$= xy\sqrt[12]{x^5y^7}$

隨堂練習　化簡下列各式：

(1) $\sqrt{x^5y} + 2\sqrt{x^3y^3} + \sqrt{xy^5}$

(2) $\sqrt{x^2 - y^2} \cdot \sqrt{x^3 - y^3} \cdot \sqrt{x^3 + y^3}$

例 6　化簡 $\sqrt{a^5bc} + 2\sqrt{a^3bc^3} + \sqrt{ab^5c} + \sqrt{a^3b} + \sqrt{ab^3}$。

解　原式 $= a^2\sqrt{abc} + 2ac\sqrt{abc} + b^2\sqrt{abc} + a\sqrt{ab} + b\sqrt{ab}$

　　　　$= (a^2 + 2ac + b^2)\sqrt{abc} + (a+b)\sqrt{ab}$

例 7　化簡 $\dfrac{\sqrt{\dfrac{a}{bc}} + \sqrt{\dfrac{b}{ca}} + \sqrt{\dfrac{c}{ba}}}{\sqrt{\dfrac{bc}{a}} + \sqrt{\dfrac{ca}{b}} + \sqrt{\dfrac{ab}{c}}}$。

解　原式 $= \dfrac{\sqrt{\dfrac{a^2}{abc}} + \sqrt{\dfrac{b^2}{abc}} + \sqrt{\dfrac{c^2}{abc}}}{\sqrt{\dfrac{abc}{a^2}} + \sqrt{\dfrac{abc}{b^2}} + \sqrt{\dfrac{abc}{c^2}}} = \dfrac{\dfrac{a+b+c}{\sqrt{abc}}}{(\dfrac{1}{a} + \dfrac{1}{b} + \dfrac{1}{c})\sqrt{abc}}$

　　　　$= \dfrac{a+b+c}{\sqrt{abc}(\dfrac{1}{a} + \dfrac{1}{b} + \dfrac{1}{c})\sqrt{abc}} = \dfrac{a+b+c}{abc(\dfrac{1}{a} + \dfrac{1}{b} + \dfrac{1}{c})}$

　　　　$= \dfrac{a+b+c}{ab+bc+ca}$

例 8　化簡 $\dfrac{1 + \sqrt{1 - x}}{1 - \sqrt{1 - x}}$。

解　原式 $= \dfrac{1 + \sqrt{1 - x}}{1 - \sqrt{1 - x}} \cdot \dfrac{1 + \sqrt{1 - x}}{1 + \sqrt{1 - x}}$

$\qquad = \dfrac{(1 + \sqrt{1 - x})^2}{1 - (1 - x)}$

$\qquad = \dfrac{1 + 2\sqrt{1 - x} + 1 - x}{x} = \dfrac{2(1 + \sqrt{1 - x}) - x}{x}$

從**數**的演算深化到**式**的演算，其目的就是要探討更上一層樓的**方程式**與**函數**。

給一個式子，對應就有**方程式**與**函數**。例如，給一個多項式

$$a_n x^n + a_{n-1} x^{n-1} + \cdots + a_1 x + a_0 \tag{1}$$

令其為 0，就得到一個 n 次多項方程式：

$$a_n x^n + a_{n-1} x^{n-1} + \cdots + a_1 x + a_0 = 0 \tag{2}$$

例如

$$2x^3 + 5x^2 + x - 2 = 0$$

為一個三次方程式。給一個分式或無理式

$$\frac{x - 5}{x^2 - 1} - \frac{2}{1 - x} + 3 \tag{3}$$

$$\sqrt{x + 5} - \sqrt{2x + 3} - 1 \tag{4}$$

就對應有分式方程式與無理方程式

$$\frac{x-5}{x^2-1} - \frac{2}{1-x} + 3 = 0$$

$$\sqrt{x+5} - \sqrt{2x+3} = 1$$

求解方程式就是代數學的主題。此時 x 解釋成**未知數**。

另一方面，若 y 為一個**變數**，可表成(1)式之多項式：

$$y = a_n x^n + a_{n-1} x^{n-1} + \cdots + a_1 x + a_0 \tag{5}$$

那麼經由此式的關連，x 變動，y 就跟著變動，於是我們就得到一個 n 次多項式函數。此時 x 與 y 都解釋成**變數**，由(5)式所連結起來的兩個變數。

同理，由(3)與(4)式，我們就有有理函數與無理函數

$$y = \frac{x-5}{x^2-1} - \frac{2}{1-x} + 3$$

$$y = \sqrt{x+5} - \sqrt{2x+3} - 1$$

總之，數、式、方程式、函數、坐標系與圖解是本書的主角。數與式是平行類推的，主要功能是作四則運算、乘方、開方以及所遵循的種種運算律。這些是討論方程式的求解與研究函數之基礎。從第四章開始，我們就要來探討方程式與函數這兩個主題。

1. 比較下列各數的大小:

   (1) $\sqrt[3]{5}$ 與 $\sqrt{2}$　　　　　　(2) $\sqrt[4]{4}$ 與 $\sqrt[7]{7}$

   (3) $\sqrt{7} + \sqrt{10}$ 與 $\sqrt{3} + \sqrt{19}$

2. 化簡下列各式:

   (1) $\sqrt{13 + 2\sqrt{40}}$　　　　　　(2) $\sqrt{14 - 2\sqrt{45}}$

3. 設 $x = \dfrac{\sqrt{3}}{2}$，求 $\dfrac{1 + x}{1 + \sqrt{1 + x}}$ 之值。

4. 化簡 $\dfrac{\sqrt{x + 1} - \sqrt{x}}{\sqrt{x + 1} + \sqrt{x}} + \dfrac{\sqrt{x + 1} + \sqrt{x}}{\sqrt{x + 1} - \sqrt{x}}$ $(x \geq 0)$。

5. 設 $x = \dfrac{\sqrt{10} + \sqrt{2}}{2}$, $y = \dfrac{\sqrt{10} - \sqrt{2}}{2}$，求下列各式之值:

   (1) $x + y$　　　　　　　　(2) xy

   (3) $x^3 + y^3$

6. 化簡下列各式:

   (1) $\dfrac{2\sqrt{5} - 4\sqrt{3}}{3\sqrt{5} + \sqrt{3}}$　　　　　　(2) $\dfrac{\sqrt{x + y} - \sqrt{x - y}}{\sqrt{x + y} + \sqrt{x - y}}$

7. 參加會議的人兩兩彼此都握手,有人統計了一下,總共握了 190 次手,
   問到會的人數是多少?

第四章　簡單的代數方程式

4-1　一元二次方程式

我們知道：一切實數的平方都不會是負數。因此，方程式 $x^2 + 1 = 0$ 不會有實根，即在實數系中沒有解答。

我們已經學過虛數：虛數就是為了對付這一類的問題才產生的。以後我們還會詳細的解釋虛數與複數的應用。現在我們只要記得

$$\sqrt{-1} = i,\ i^2 = -1 \tag{1}$$

就好了！

利用虛數單位 i，一切的二次方程式都有解。例如方程式 $x^2 + x + 1 = 0$，根據公式，根為

$$x = \frac{-1 \pm \sqrt{-3}}{2} = \frac{-1 \pm \sqrt{3}\sqrt{-1}}{2}$$

因此也就等於 $\dfrac{(-1 \pm \sqrt{3}\,i)}{2}$。

甲、配方法

我們現在考慮一般的實係數二次方程式 $ax^2 + bx + c = 0\ (a \neq 0)$。利用配方法，我們得到

$$
\begin{aligned}
&ax^2 + bx + c \\
&= a(x^2 + \frac{b}{a}x + \frac{c}{a}) \\
&= a\{[x^2 + 2\cdot\frac{b}{2a}x + (\frac{b}{2a})^2] - (\frac{b}{2a})^2 + \frac{c}{a}\} \\
&= a[(x + \frac{b}{2a})^2 - \frac{b^2 - 4ac}{4a^2}]
\end{aligned}
\tag{2}
$$

所以 $ax^2 + bx + c = 0$ 之根就是

$$a[(x + \frac{b}{2a})^2 - \frac{b^2 - 4ac}{4a^2}] = 0$$

之根。移項並且開平方得

$$(x + \frac{b}{2a}) = \pm \frac{\sqrt{b^2 - 4ac}}{2a}$$

從而

$$x = \frac{-b \pm \sqrt{b^2 - 4ac}}{2a} \tag{3}$$

這是一元二次方程式的**一般解答公式**，只要輸進 a, b, c 之值，由(3)式就可算出 $ax^2 + bx + c = 0$ 的兩個根，完全可以機械化地演算，一舉解決含有無窮多個問題的這一類一元二次方程式。

定　理 1

設 $a \neq 0$，則一元二次方程式 $ax^2 + bx + c = 0$ 的兩個根為

$$x = \frac{-b \pm \sqrt{b^2 - 4ac}}{2a}$$

例 1　解 $15x^2 + 11x - 12 = 0$。

解 1　利用因式分解法，

$$(5x - 3)(3x + 4) = 0$$

$$\therefore x = \frac{3}{5} \text{ 或 } x = -\frac{4}{3}$$

解2 代公式法，

$$x = \frac{-11 \pm \sqrt{11^2 - 4 \cdot 15 \cdot (-12)}}{30} = \frac{-11 \pm 29}{30}$$

$$\therefore x = \frac{3}{5} \text{ 或 } x = -\frac{4}{3} \qquad \blacksquare$$

例2 解 $x^2 - 14x + 51 = 0$。

解 $x = \dfrac{14 \pm \sqrt{14^2 - 4 \cdot 51}}{2}$

$\qquad = 7 \pm \sqrt{2}\, i$ $\qquad\qquad\qquad\qquad\qquad\qquad$ $\blacksquare$

隨堂練習 解下列方程式：

$\quad$ (1) $x^2 - 3x - 40 = 0$ $\qquad\qquad$ (2) $3x^2 - 4x - 55 = 0$

乙、根之判別式

設 a, b 為兩個實數，形如 $a + bi$ 的數叫做**複數**，a 與 b 分別叫做 $a + bi$ 的**實部**與**虛部**。我們稱 $a - bi$ 為 $a + bi$ 的**共軛複數**，並且稱 $a + bi$ 與 $a - bi$ **互為共軛複數**。關於複數我們在第九章會詳述。

令 $\Delta = b^2 - 4ac$，則由一般的解答公式，我們就得到如下的定理：

定 理 2

對實係數二次方程式 $ax^2 + bx + c = 0$ 來說，我們有以下的結果：

(1)當 $\Delta = b^2 - 4ac > 0$ 時，此方程式有相異兩實根；

(2)當 $\Delta = b^2 - 4ac = 0$ 時，此方程式有相等的兩實根；

(3)當 $\Delta = b^2 - 4ac < 0$ 時，此方程式有共軛的兩個複數根。

定　理 3

對實係數二次方程式 $ax^2 + bx + c = 0$ 來說，我們有以下的結果：

(1)若此方程式有兩相異實根，則

$$\Delta = b^2 - 4ac > 0$$

(2)若此方程式有兩相等實根，則

$$\Delta = b^2 - 4ac = 0$$

(3)若此方程式有兩共軛複數根，則

$$\Delta = b^2 - 4ac < 0$$

例 3　試判別下列二次方程式之根：

(1) $4x^2 - 9x + 5 = 0$　　　　　　(2) $x^2 + \sqrt{2}x + \dfrac{1}{2} = 0$

(3) $5x^2 - 20x + 19 = 0$　　　　　(4) $x^2 + px + p^2 = 0 \ (p \neq 0)$

解　(1) $\Delta = (-9)^2 - 4 \times 4 \times 5 = 81 - 80 = 1 > 0$，具相異兩實根。

(2) $\Delta = (\sqrt{2})^2 - 4 \times 1 \times \dfrac{1}{2} = 2 - 2 = 0$，具兩重根。

(3)由 Δ 的 $\dfrac{1}{4}$ 來計算：

即設 $b = 2b'$，

$\dfrac{1}{4}\Delta = b'^2 - ac = 10^2 - 5 \times 19 = 100 - 95 = 5 > 0$

∴具相異兩實根。

(4) $\Delta = p^2 - 4p^2 = -3p^2 < 0 \ (p \neq 0)$

∴具共軛兩虛根。

例 4　設二次方程式 $kx^2 + 8x - 6 + k = 0$ 具有兩重根時，求 k 值。

解　有兩重根的條件為 $\Delta = 0$，

$$\frac{1}{4}\Delta = 4^2 - k(-6 + k) = 0$$

$$\Rightarrow 16 + 6k - k^2 = 0, \quad \therefore k^2 - 6k - 16 = 0$$

$$\Rightarrow (k - 8)(k + 2) = 0, \quad \therefore k = 8, \ k = -2 \qquad \blacksquare$$

隨堂練習　試判別下列諸方程式之根：

　　(1) $4x^2 + 12x + 9 = 0$　　　　(2) $2x^2 - 13x + 22 = 0$

　　(3) $4x^2 + 7x + 3 = 0$　　　　(4) $(\sqrt{2} - 1)x^2 + 2x + (\sqrt{2} + 1) = 0$

隨堂練習　下列各二次方程式若具有兩重根時，試定 k 值。

　　(1) $x^2 - (1 + k)x - (1 - 2k) = 0$

　　(2) $kx^2 - 2x + k = 0$

丙、根與係數的關係

　　設二次方程式 $ax^2 + bx + c = 0$ 之二根為 α, β，而判別式為 Δ 時，則

$$\alpha = \frac{-b + \sqrt{b^2 - 4ac}}{2a} = \frac{-b + \sqrt{\Delta}}{2a}$$

$$\beta = \frac{-b - \sqrt{b^2 - 4ac}}{2a} = \frac{-b - \sqrt{\Delta}}{2a}$$

而

$$\alpha + \beta = \frac{-b + \sqrt{\Delta}}{2a} + \frac{-b - \sqrt{\Delta}}{2a} = -\frac{b}{a}$$

$$\alpha \cdot \beta = \frac{-b + \sqrt{\Delta}}{2a} \cdot \frac{-b - \sqrt{\Delta}}{2a} = \frac{(-b)^2 - (\sqrt{\Delta})^2}{4a^2}$$

$$= \frac{b^2 - (b^2 - 4ac)}{4a^2} = \frac{c}{a}$$

定　理 4

設二次方程式 $ax^2 + bx + c = 0$ 之兩根為 α, β，則

$$\alpha + \beta = -\frac{b}{a}, \ \alpha\beta = \frac{c}{a}$$

稱為二次方程式的根與係數的關係。

例 5　設二次方程式 $3x^2 - 5x + 4 = 0$ 之兩根為 α, β 時，求下列諸值：

(1) $\dfrac{1}{\alpha} + \dfrac{1}{\beta}$　　　　　　　　(2) $\dfrac{\beta}{\alpha} + \dfrac{\alpha}{\beta}$

解　(1) 由根與係數的關係得

$$\alpha + \beta = -(-\frac{5}{3}) = \frac{5}{3}, \ \alpha\beta = \frac{4}{3}$$

$$\frac{1}{\alpha} + \frac{1}{\beta} = \frac{\beta + \alpha}{\alpha\beta} = \frac{5}{3} \div \frac{4}{3} = \frac{5}{4}$$

(2) 同樣得

$$\frac{\beta}{\alpha} + \frac{\alpha}{\beta} = \frac{\beta^2 + \alpha^2}{\alpha\beta} = \frac{(\alpha + \beta)^2 - 2\alpha\beta}{\alpha\beta} = \frac{(\frac{5}{3})^2 - 2 \times \frac{4}{3}}{\frac{4}{3}}$$

$$= \frac{\frac{25}{9} - \frac{8}{3}}{\frac{4}{3}} = \frac{1}{12}$$

隨堂練習　試求下列方程式兩根的和與積：

(1) $x^2 - 5x + 6 = 0$　　　　　(2) $-3x^2 - 2x + 1 = 0$

(3) $4x^2 + 7x = 0$　　　　　　(4) $3x^2 - 8 = 0$

隨堂練習　設二次方程式 $2x^2 - 8x + 11 = 0$ 的兩根為 α, β 時，試求下列
兩式之值：

(1) $\alpha^2 + \beta^2$　　　　　　　(2) $\dfrac{1}{2\alpha - 1} + \dfrac{1}{2\beta - 1}$

習　題　4-1

1.解下列方程式：

(1) $x^2 + 8x + 11 = 0$

(2) $5x^2 - x + 7 = 0$

(3) $2x^2 - mx = mn - 2nx$

(4) $x^2 - (2 + \sqrt{3})x + (1 + \sqrt{3}) = 0$

2.問 m 為何值時，$(m-1)x^2 + 2(m+1)x - 1 = 0$ 有等根？

3.設 a, b, c 均為實數，試證方程式 $(a+c-b)x^2 + 2cx + (b+c-a) = 0$ 之根恆為實根。

4-2　分式方程式

　　一個含有分式的方程式，稱為分式方程式。通常把分式方程式之兩邊各乘所有分母的（最小）公倍式，得整式方程式，再行求解。

例 1　試解方程式 $\dfrac{x-5}{x^2-1} - \dfrac{2}{1-x} + 3 = 0$。 　　　　(1)

解　兩邊各乘分母的最小公倍式 $x^2 - 1$，得

$$x - 5 + 2(x+1) + 3(x^2-1) = 0$$

$$\Rightarrow 3x^2 + 3x - 6 = 0, \quad \therefore x^2 + x - 2 = 0$$

$$\Rightarrow (x-1)(x+2) = 0, \quad \therefore x = 1 \text{ 與 } x = -2$$

將 $x = -2$ 代入(1)式得

$$\frac{-2-5}{4-1} - \frac{2}{1-(-2)} + 3 = -\frac{7}{3} - \frac{2}{3} + 3 = 0$$

由此證實 -2 確為(1)式之根。

若將 $x = 1$ 代入(1)式，分母變成 0，則(1)式變成無意義。所以

$x = 1$ 不是(1)式的根。這種分式方程式化成整式方程式後，求得之根中，有的並非原式之根。這叫做**增根**。 ◾

增根現象我們討論如下。分式方程式：

$$A = B$$

設分母的最小公倍式為整式 C。乘之，得整式方程式

$$AC = BC$$

此處固然 $A = B \Rightarrow AC = BC$，但 $AC = BC \Rightarrow A = B$ 卻不一定能成立。例如由 $2 \times 0 = 3 \times 0$ 無法得到 $2 = 3$。因此，求解 $AC = BC$ 時，讓 $C = 0$ 的 x 值，雖是 $AC = BC$ 的根，但不見得是 $A = B$ 的根。所以最終求得的根必須加以驗證，並且丟棄使分母為 0 的根。

例2 解分式方程式 $\dfrac{2x^2}{x^2 - 4} - \dfrac{x}{x + 2} = \dfrac{2}{2 - x}$。

解 用分母的最小公倍式 $(x + 2)(x - 2)$ 乘上兩邊消去分母，

$2x^2 - x(x - 2) = -2(x + 2)$

整理之得 $x^2 + 4x + 4 = 0$，

得 $(x + 2)^2 = 0$，$\therefore x = -2$（兩重根）。

但 $x = -2$ 會使方程式之分母成為 0，故 $x = -2$ 非為根。 ◾

例3 解分式方程式 $2 + \dfrac{x^2 - 3x}{x^2 - 1} = \dfrac{1}{1 - x}$。

解 將分母的最小公倍式 $(x - 1)(x + 1)$ 乘以兩邊，得

$2(x^2 - 1) + x^2 - 3x = -(x + 1)$

整理之得 $3x^2 - 2x - 1 = 0$，

或 $(x-1)(3x+1) = 0$，

得 $x = 1$，$x = -\dfrac{1}{3}$，

將 $x = -\dfrac{1}{3}$ 代入原式，其分母不等於 0，所以為其根。

將 $x = 1$ 代入分母為 0，故不能為其根。 ■

隨堂練習 　求下列方程式之解：

(1) $\dfrac{2}{x-1} = 3$

(2) $\dfrac{1}{x+3} - \dfrac{1}{x-3} = \dfrac{3}{4}$

(3) $\dfrac{1}{x-1} + 1 = \dfrac{1}{x^2 - 3x + 2}$

(4) $\dfrac{x-1}{x^2 + x} + \dfrac{x+1}{x^2 - x} = \dfrac{4x}{x^2 - 1}$

隨堂練習 　流速為每小時 2 公里的河流，由 A 點到 30 公里外的 B 點，船往復需時 8 小時。求該船在靜止水中的速度。

習　題　4-2

解下列之分式方程式：

(1) $\dfrac{2x-8}{x-3} = \dfrac{5x+7}{3x+1}$

(2) $\dfrac{x}{x-1} - \dfrac{x-2}{x+1} = \dfrac{2}{x^2 - 1}$

(3) $\dfrac{x^2 - 4x}{x^2 - 4} + 2 = \dfrac{1}{2-x}$

(4) $\dfrac{x^2}{x+1} + \dfrac{x+1}{x^2} = 2$

(5) $\dfrac{x^2 + 4x}{x-1} + \dfrac{72(x-1)}{x^2 + 4x} = 18$

4-3 無理方程式

由無理式所成的方程式，稱為無理方程式，此地專指根式方程式。一般求得的無理式的根，多以實數為限。

今設無理方程式

$$\sqrt{x+1} = 5 - x \tag{1}$$

兩邊平方之得

$$x + 1 = (5 - x)^2 = 25 - 10x + x^2 \tag{2}$$

整理之得

$$x^2 - 11x + 24 = 0$$

因式分解得

$$(x - 3)(x - 8) = 0$$

$$\therefore x = 3 \text{ 或 } x = 8$$

若將 $x = 3$ 代入(1)式，則

$$(1)\text{式之左邊} = \sqrt{3 + 1} = 2$$

$$(1)\text{式之右邊} = 5 - 3 = 2$$

$\therefore x = 3$ 為(1)式之根。

次將 $x = 8$ 代入(1)式，則

$$(1)式之左邊 = \sqrt{8+1} = 3$$
$$(1)式之右邊 = 5 - 8 = -3$$

故，$x = 8$ 不為(1)式之根。

此乃表示無理方程式(1)與整式方程式(2)並不相同。茲討論其原因所在。

一般言之，$A = B \Rightarrow A^2 = B^2$。

但 $A^2 = B^2 \Rightarrow A = B$ 則未必成立（因有 $A = -B$ 的可能性）。

今，$A = \sqrt{x+1}$, $B = 5 - x$。

若 $x = 3$，則 $A = B$，即為(1)式之根。

若 $x = 8$，則 $A = -B$，即為 $\sqrt{x+1} = -(5-x)$ 之根。

由無理方程式所得的整式方程式之根中，有的並不合於無理方程式。此種根稱為增根。$x = 8$ 為(1)式之增根。

例 1　求 $\sqrt{x+5} - \sqrt{2x+3} = 1$ 之根。

解　將 $\sqrt{2x+3}$ 移項得 $\sqrt{x+5} = 1 + \sqrt{2x+3}$

將兩邊平方得 $x + 5 = 1 + 2\sqrt{2x+3} + (2x+3)$

$\therefore 1 - x = 2\sqrt{2x+3}$

兩邊再平方之得

$(1-x)^2 = 4(2x+3)$

$\Rightarrow x^2 - 10x - 11 = 0$

$\Rightarrow (x+1)(x-11) = 0$

$\therefore x = -1, x = 11$

取 $x = -1$ 代入，

左邊 $= \sqrt{-1+5} - \sqrt{-2+3} = 2 - 1 = 1 =$ 右邊

於是，$x = -1$ 為其根。

取 $x = 11$ 代入，

左邊 $= \sqrt{11 + 5} - \sqrt{22 + 3} = 4 - 5 = -1 \neq$ 右邊

於是，$x = 11$ 為增根。

例2　解 $\sqrt{x + 5} - \sqrt{x - 4} + 9 = 0$。

解　移項得 $\sqrt{x + 5} = \sqrt{x - 4} - 9$，

兩邊平方，得到

$x + 5 = x - 4 - 18\sqrt{x - 4} + 81$

$\Rightarrow \sqrt{x - 4} = 4$

再平方，得到 $x - 4 = 16$，$\therefore x = 20$。

驗證　$\sqrt{20 + 5} - \sqrt{20 - 4} + 9 = 10 \neq 0$

故原方程式無根。

隨堂練習　解 $x + \sqrt{3x^2 - 3x + 2} = 2$。

習　題　4-3

試解下列諸方程式：

(1) $\sqrt{3x - 2} - \sqrt{x} = 2$

(2) $\sqrt{2x - 1} - \sqrt{x - 4} = 2$

(3) $\sqrt{25 - x^2} = x + 1$

(4) $\sqrt{x - 1} = |5 - 2x|$

(5) $x - 2\sqrt{x} = 3$

(6) $\sqrt{x + 5} + \sqrt{3x + 4} = \sqrt{12x + 1}$

(7) $x^2 - x + \sqrt{x^2 - x + 1} = 1$

(8) $x - 2 = \sqrt{6 - x^2}$

(9) $\sqrt{x + 8} + \sqrt{x + 3} = 5\sqrt{x}$

(10) $\dfrac{\sqrt{x} + \sqrt{x - 3}}{\sqrt{x} - \sqrt{x - 3}} = 2x - 5$

4–4　應用問題

數學起源於實用問題，然後逐步發展出概念與解決問題的方法，再整理結晶成為數學理論，最後我們利用數學理論來重新觀照日常生活與經驗世界的問題，形成求知與認識世界的一個迴路。代數學的發展就是一個典型的例子。

例 1　某小學的學生，第一次排成一個長方陣，其長邊為短邊之三倍，第二次再排成另一個長方陣，其長邊為原先短邊之四倍，而短邊為 13 人，此時不足 17 人，問共有學生多少人？

解　設 x 為第一次長方陣短邊之人數，則 $3x$ 為長邊之人數，$4x$ 為第二次長方陣長邊之人數，按題意得

$$3x \cdot x = 13 \cdot 4x - 17$$
$$3x^2 - 52x + 17 = 0$$

解得

$$x = 17 \ \text{或} \ x = \frac{1}{3}$$

$x = \dfrac{1}{3}$ 顯然不合理，故總共有學生 $3 \cdot 17 \cdot 17 = 867$ 人。　∎

例 2　有某兩位數，十位數字比個位數字多 3，並且此數較十位數字與個位數字之積的二倍多 5，試求此數。

解 設 x 表個位數字，$x+3$ 表十位數字，則由題意知

$$10(x+3)+x=2(x+3)x+5$$
$$2x^2-5x-25=0$$

解得

$$x=5 \text{ 或 } x=-\frac{5}{2} \text{（不合）}$$

故個位數字為 5，十位數字為 8，而所求之兩位數為 85。 ∎

隨堂練習 連續的三個整數，其平方和為 1454，試求此三數。

例3 有甲、乙兩船，同時由一港口出發，欲往 720 海里的 A 港。甲船較乙船早到 8 小時，並且甲船每小時比乙船多行 3 海里，求兩船之速度。

解 設甲船之時速為 x 海里，則乙船的時速為 $x-3$ 海里，依題意得

$$\frac{720}{x-3}-\frac{720}{x}=8 \tag{1}$$

去掉分母得

$$x^2-3x-270=0$$

解得

$$x=18 \text{ 或 } x=-15 \text{（不合）}$$

以 $x=18$ 代入(1)式驗算，無誤。所以，甲船的時速為 18 海里，乙船的時速為 15 海里。 ∎

隨堂練習　甲、乙兩人合作某工程，12 天可完成。今兩人合作 8 天之後，乙有事必須停工，其餘由甲單獨完成，又費時 5 天。若甲、乙單獨作此工程，問各需多少天？

例 4　某數與其平方根之和等於 90，試求此數。

解　令此數為 x，則得知

$$x + \sqrt{x} = 90$$

$$\sqrt{x} = 90 - x$$

$$x = 8100 - 180x + x^2$$

$$x^2 - 181x + 8100 = 0$$

$$(x - 81)(x - 100) = 0$$

$$\therefore x = 81 \text{ 或 } x = 100$$

驗證　$x = 81$，則 $81 + \sqrt{81} = 90$（合）

$x = 100$，則 $100 + \sqrt{100} = 110 \neq 90$（不合）

因此，所求之數為 81。

例 5　三角形三邊之長各為 2 公分，3 公分與 4 公分，問 4 公分的邊所對應的高為幾公分？

解　令所求之高為 x 公分，

由畢氏定理得方程式如下：

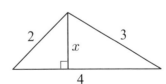

$$\sqrt{2^2 - x^2} + \sqrt{3^2 - x^2} = 4$$

移項而平方之，得到

$$4 - x^2 = 16 - 8\sqrt{9 - x^2} + 9 - x^2$$

$$8\sqrt{9 - x^2} = 21$$

再平方之，得到

$$64(9 - x^2) = 441$$

$$\therefore x = \pm \frac{\sqrt{135}}{8} \text{（負根不合）}。$$

經驗算知 $x = \frac{\sqrt{135}}{8}$ 可滿足原方程式，故所求之高為 $\frac{\sqrt{135}}{8}$ 公分。　　　　　　　　　　　　　　　　　　　　　　　　　　■

習　題　4-4

1.某數與其平方根之兩倍和等於 143，試求此數。

2.某數等於此數之兩倍減 3 之平方根之兩倍，試求此數。

3.三角形三邊之長各為 13, 14, 15，問 14 之邊所對應之高為若干?

第五章　函數及其圖形

5–1 函數的定義

當你放眼觀看這個大千世界，你會發現許多事情之間都有因果關係存在，也就是說，有某些因就產生某些果。例如，有了「種瓜」的因就產生「得瓜」的果，有了「下雨」的因就得到「地上濕」的果。又如，已知香蕉一斤是 50 塊錢，那麼有了「100 塊錢」的因，你就可以買到「2 斤」的果。但是站在水果攤老板的立場，應該是反過來看：有「2 斤」的因，就賣得「100 塊錢」的果。你能舉出更多的例子嗎？

這些因果關係就好比是一部機器，你輸入原料（因），經過機器的作用，就輸出產品（果），圖解如下：

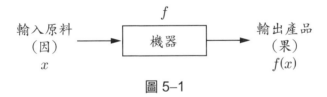

圖 5–1

這樣的圖解對於今後的學習非常有用，這是值得留意的。

把「原料」、「產品」以及「**機器的作用或功能**」三個要素整個合起來看，就得到函數的概念。當然最重要的是後者，事實上，「函數」一詞的英文是 "function"，查字典知道這個字含有「作用」及「功能」的意思。由於這個原因，因此只要明確說出從原料 x 到產品 $f(x)$ 之間的對應關係 f，如 $f(x) = \dfrac{x}{10}$，那麼我們就說這樣的對應關係為一個函數了。

例 1 （郵費與郵包重量之間的關係）

假設你要用航空的方法，郵寄包裹到美國去，那麼郵費就隨著包裹的重量來改變。換句話說，給一個重量，就唯一確定郵費，重

量是原料，郵費是產品，而對應規則由郵局所規定。因此這個對應規則就是一個函數。 ∎

隨堂練習 請你到郵局去查（國內）郵費表，填空下面的對應關係：

信件重量	郵費	包裹重量	郵費
10 克 ⟶	_____ 元	1 公斤 ⟶	_____ 元
20 克 ⟶	_____ 元	10 公斤 ⟶	_____ 元
100 克 ⟶	_____ 元		

例2 （電流與電壓、電阻的關係）

假設有一條導線，電阻為 R，兩端電壓為 V，電流為 I，則由歐姆定律知：

$$I = \frac{V}{R}$$

由此式我們看出，給原料「V 及 R」就對應有產品 $\frac{V}{R}$，因此這是一個兩變元（兩變數）的函數，這個函數的對應規則由上述所決定。 ∎

例3 我們知道圓的面積 A 與半徑 r 的關係為 $A = \pi r^2$。此式定義了這樣一個函數：給半徑（原料）r，就對應面積（產品）πr^2。 ∎

看了上面各式各樣的例子，就應當很明白：人們研究自然或人文現象的目的，無非是要找出各種變量之間的函數對應關係。科學裡的許多定律往往就是一個函數關係的表示式，這些都是經過許多科學家的努力才發現的。我們知道圓的面積 A 與半徑 r 之間的關係式是 $A = \pi r^2$，但

是它是怎麼來的呢? 這就不那麼簡單了。

總結上述的例子, 我們定義函數如下:

定 義

函數是一種特殊的對應關係, 它將每個原料對應到唯一明確的產品。因此, 函數是由原料、產品及對應規則三個要素組成的。通常我們用 x 表示原料, y 表示產品, $y = f(x)$ 表示對應規則。我們稱 x 為自變數 (或自變元), y 為因變數 (或因變元), 或稱 x 為「因」, y 為「果」, 具有這種關係的 x, y, 我們有時也說 y 是 x 的函數。

假設 A, B 為兩個集合, 我們也可以圖解函數如下:

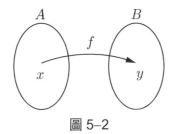

圖 5–2

f 將 A 中的每一個元素對應到 B 中的唯一元素, 不允許一對多。對於這樣一個函數, 我們常記成

$$f : A \longrightarrow B$$
$$\cup \qquad \cup$$
$$x \longrightarrow f(x) = y$$

(註: 習慣上我們都說「函數 $f(x) = 6x^2$」, 嚴格的說法應該是:「函數 f 把 x 變為 $6x^2$」。)

我們稱 A 為 f 的**定義域** (domain), 並且稱 $f(A) = \{ f(x) | x \in A \}$ 為 f 的**值域** (range)。

　　我們把函數 f 看成「機器」，放進「原料」x，就得到「產品」$6x^2$（函數值）。函數是指「機器」本身，不是「產品」，所以 f 是函數，而 $f(x)$ 不是函數！可是為了敘述或書寫上方便，我們習慣地用函數值（產品）$f(x)$ 代替函數（機器）f，而用「函數 $f(x)$」代表「會得到 $f(x)$ 的機器」，即是「會得到函數值 $f(x)$ 的函數」。我們已經說過，函數是「原料」與「產品」兩量之間的特殊對應關係。因此，如果給你一個函數 f，而且給你原料 x，你就可以按照規則求得相應的產品 $y = f(x)$ 了。「產品」$f(x)$ 與「機器」f 是不同的兩件事！換言之，函數值與函數本是兩回事！可是，我們慣常地以產品來指稱機器，用「產品 $f(x)$」來代表「會生出產品 $f(x)$ 的機器」。同樣地，「函數 $f(x)$」指的是「會得到函數值 $f(x)$ 的函數」。當然這樣的說法有它的方便之處，不過「原料」（即自變數）通常是 x，必須先說明白才行。

例 4　設函數 $y = f(x) = x^2 + x + 2$，試求當 $x = -2,\ -1,\ 0,\ 1,\ 2$ 時，y 的值。

解　這是一個二次函數，

當 $x = -2$ 時，$y = f(-2) = (-2)^2 + (-2) + 2 = 4$。

當 $x = -1$ 時，$y = f(-1) = (-1)^2 + (-1) + 2 = 2$。

當 $x = 0$ 時，$y = f(0) = 0^2 + 0 + 2 = 2$。

當 $x = 1$ 時，$y = f(1) = 1^2 + 1 + 2 = 4$。

當 $x = 2$ 時，$y = f(2) = 2^2 + 2 + 2 = 8$。

表列如下：

x	-2	-1	0	1	2
y	4	2	2	4	8

習 題 5-1

1. 假設白米 1 斤是 21 元，以 x 表示斤數，$f(x)$ 表示 x 斤白米的價錢，試寫出 $f(x)$ 的式子來。

2. 設正立方體的邊長為 x，其體積為 $f(x)$，試寫出 $f(x)$ 的式子來。

3. 若 $f(x) = x^3 - 3x^2 + 2x + 1$，則 $f(2) = ?\ f(-3) = ?$

4. 設 $f(x)$ 為一函數，且滿足 $f(x) = f(x+5),\ f(-x) = -f(x)$。已知 $f(3) = 5$，試求 $f(-33)$ 之值。

5. 設 $f(x) = 3x^2 - 12x + k$，若 $f(3) = 9$，試求 k 之值。

6. 設 $f(x) = x^2 + ax + 3$，若 $f(1) = f(-1)$，試求 a 之值。

7. 設 $f(x) = 3x$，試證 $f(a) + f(b) = f(a+b)$。

8. 設 $f(x)$ 滿足 $f(2x+1) = 2x - 1$，試求 $f(x)$。

9. 設 $f(x) = x^2 + 1$，試求 $f(f(x))$。

10. 設 $f(x) = \dfrac{12x}{(16 - x^2)}$，試求 $f(-2), f(5), f(\frac{1}{2}), f(3a-4), f(2a) - f(a),$ $f(2) - f(-1)$ 之值。

11. 將一塊石頭由空中靜止自由落下，則落距 S 是時間 t 的函數。由自由落體公式，我們知道，$S(t) = \dfrac{1}{2}gt^2$，其中 g 是常數，約 9.8 公尺$\big/$秒^2，表重力加速度。試求 $S(2), S(4)$ 之值。

12. 繼續上題，已知 $g = 9.8$ 公尺$\big/$秒^2，而你從一棟大樓的頂上讓一塊石頭自由落下，石頭到達地面所費時間為 5 秒。問樓高是多少？

5–2　函數的合成

　　已知兩個函數 f 及 g，其中 f 把 x 變成 $f(x)=y$，如果 y 又落在 g 的定義域之中，那麼 g 可以再把 y 變成 $g(y)=z$。於是從 x 到 z 的對應就稱做函數 f 與 g 的合成，記作 $g\circ f$。

　　更明確地說：設 A, B, C, D 為四個集合，並且

$$f:A \longrightarrow B, \qquad g:C \longrightarrow D$$

為兩個函數，如果值域 $f(A) \subset C$，我們就說函數 f 與 g 可以合成，如下圖所示：

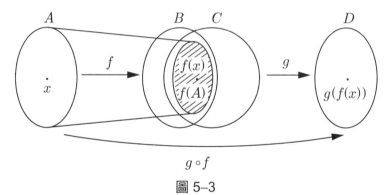

圖 5–3

f 將 $x \in A$ 對應到 $f(x)$，然後 g 再將 $f(x)$ 對應到 $g(f(x))$，整個合起來的合成函數 $g\circ f$ 將 $x \in A$ 對應到 $g(f(x))$。

　　我們也可以圖解如下：

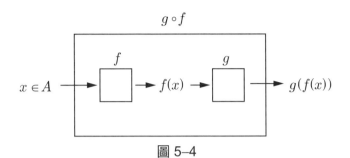

圖 5-4

換句話說，原料 $x \in A$ 經由工廠 f 製造出產品 $f(x)$，而 $f(x)$ 又是工廠 g 的原料，故可再經由工廠 g 製造出產品 $g(f(x))$。整個合起來看，從 x 到 $g(f(x))$ 的製造過程就是合成函數 $g \circ f$ 的作用。

　　兩個函數的合成可以比喻成兩個工廠的連鎖作業，例如以甘蔗 x 經由糖廠 f 製造出糖 $f(x)$，再由食品工廠 g 製造出糖果 $g(f(x))$。我們看出，f 的產品 $f(x)$ 必須要能夠為 g 所接受，亦即 $f(x)$ 必須落在 g 的原料集中，才可以再經由 g 製造出產品 $g(f(x))$。換言之，兩個函數 f 與 g，若 f 的值域 $f(A)$ 被包含於 g 的定義域中，那麼 f 與 g 才可以合成，得到合成函數 $g \circ f$。例如糖廠 f 可以跟食品工廠 g 連鎖作業，但是糖廠卻無法跟鐵工廠連鎖作業。

例 1 設 $f(x) = x^2 + 1$，$g(x) = x^{20}$，它們的定義域都是實數集 $\mathbb{R}$，顯然 f 與 g，以及 g 與 f 都可以合成，並且合成函數為

$$(g \circ f)(x) = g(f(x)) = g(x^2 + 1) = (x^2 + 1)^{20}$$

$$(f \circ g)(x) = f(g(x)) = f(x^{20}) = (x^{20})^2 + 1 = x^{40} + 1$$

例 2　設 $f(x) = \sqrt{x}$, $g(x) = x^2 - 1$，試討論 f 與 g 的合成函數。

解　首先我們注意到 $f : [0, \infty) \longrightarrow \mathbb{R}$, $g : \mathbb{R} \longrightarrow \mathbb{R}$，即 f 的定義域為非負實數，但是 g 的值域 $g(\mathbb{R}) = [-1, \infty)$，不完全落在 f 的定義域，故 f 與 g 不可合成，亦即 $(f \circ g)(x) = \sqrt{x^2 - 1}$ 有時會沒有意義（事實上是跑出實數之外）。然而，f 的值域恆落在 g 的定義域之內，故 g 與 f 可以合成，得到合成函數

$$(g \circ f)(x) = g(f(x)) = g(\sqrt{x}) = (\sqrt{x})^2 - 1 = x - 1 \qquad ■$$

（註：上例告訴我們，g 與 f 可合成，但是 f 與 g 不見得可以合成！）

例 3　設 $f(x) = 3x - 2$, $g(x) = x^3$，試求：

(1) $(f \circ f)(x)$　　　　　　　　　(2) $(g \circ f)(x)$

(3) $f(g(x) + 3)$　　　　　　　　　(4) $f(2g(x) - 3f(x))$

解　(1) $(f \circ f)(x) = f(f(x)) = f(3x - 2) = 3(3x - 2) - 2 = 9x - 8$

(2) $(g \circ f)(x) = g(f(x)) = g(3x - 2) = (3x - 2)^3$

(3) $f(g(x) + 3) = f(x^3 + 3) = 3(x^3 + 3) - 2 = 3x^3 + 7$

(4) $f(2g(x) - 3f(x)) = 3(2g(x) - 3f(x)) - 2$

$$= 3[2x^3 - 3(3x - 2)] - 2$$

$$= 6x^3 - 27x + 16 \qquad ■$$

隨堂練習　設 $f_1 : \mathbb{R} \setminus \{0, 1\} \longrightarrow \mathbb{R}$ 定義為 $f_1(x) = 1 - \dfrac{1}{x}$，於是 f_1 可以不斷地自己合成：令

$$f_2(x) = f_1(f_1(x))$$
$$f_3(x) = f_1(f_2(x))$$
$$\vdots$$
$$f_n(x) = f_1(f_{n-1}(x))$$

試求 $f_{1995}(1995)$ 與 $f_{1996}(1996)$ 之值。

　　考慮合成函數的用意在那裡？這可以分成兩方面來說：其一是，用一些基本的函數可以合成較複雜的函數，這是一種綜合；其二是，一個複雜的函數，往往可分解成一些較簡單函數的合成，因此我們只要會處理簡單的函數，就可以掌握複雜的函數，這是一種分析。

　　分析與綜合是很重要的方法，不止在數學中才有用。

習 題 5-2

1. 設 $f(x) = x^2 + 3x + 1$, $g(x) = 2x - 3$，試求：

　(1) $(f \circ g)(x)$ 　　　　　　　(2) $(g \circ f)(x)$

　(3) $(g \circ g)(x)$ 　　　　　　　(4) $(f \circ f)(x)$

2. 設 $f(x) = x^2 - 1$, $g(x) = x + 2$，試求：

　(1) $(f \circ g)(-2)$ 　　　　　　(2) $(g \circ f)(0)$

　(3) $(g \circ f)(1)$ 　　　　　　 (4) $(f \circ g)(\pi)$

3. 在下列各小題中，合成函數 $g \circ f$ 與 $f \circ g$ 是否存在？若存在的話，試求之。

　(1) $f(x) = \sqrt{x}$, $g(x) = x + 1$

　(2) $f(x) = \dfrac{1}{x^2 + 1}$, $g(x) = |x|$

　(3) $f(x) = \sqrt{x - 1}$, $g(x) = \dfrac{1}{x - 1}$

5-3 平面直角坐標系

如何描述平面上一點的位置？

這當然有許多辦法，例如，一個人的地址描述了他在這個世界上的住所，郵差必能按址送上信件。另外，地球上的位置也可以用經度與緯度來描述，例如臺灣約在北緯 23 度，東經 121 度。

對於平面的情形，最有系統且最常用的辦法就是採用平面直角坐標系來描述點的位置。我們先介紹直線坐標系。

甲、實數線：實數系的圖解

為了清楚認識實數起見，我們要將它們按大小次序排成一列橫隊，使之秩序井然。我們編隊的方法如下：

⑴作一直線。

⑵在其上適當選取一點 O，稱為**原點**，把 O 排在這裡，我們稱 O 點的**坐標**是 0。

⑶取定一線段作為單位長度。

⑷在原點的右方，距離原點一個單位長度的點，排上 1，我們稱此點的坐標為 1。

⑸在原點的左方，距離原點一個單位長度的點，排上 −1，我們稱此點的坐標為 −1。

⑹在原點之右，距離原點二個單位長度的點，排上 2，我們稱此點的坐標為 2。

⑺在原點之左，距離原點二個單位長度的點，排上 −2，我們稱此點的坐標為 −2。

(8)其他依此類推，例如：位於原點左方 $\frac{3}{2}$ 個單位長度的點，排上 $-\frac{3}{2}$，稱此點的坐標為 $-\frac{3}{2}$；位於原點右方 $\sqrt{2}$ 個單位長度的點，排上 $\sqrt{2}$，稱此點的坐標為 $\sqrt{2}$；……。參見圖 5-5。

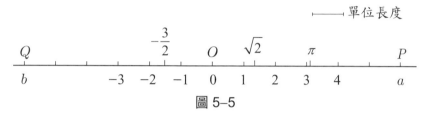

圖 5-5

因此當我們說：P 點的坐標是 a 時，若 $a>0$，即表示 P 點位於 O 點右邊 a 個單位長度的地方；Q 點的坐標是 b 時，並且 $b<0$，這就表示 Q 點位於 O 點左方 $|b|$ 個單位長度的地方，在此 $|\cdot|$ 表示絕對值。

對於一直線，當我們取定原點及單位長度後，此直線上每一點都可以用一個實數去代表它，稱為該點的**坐標**。反過來，對於任意一個實數，我們也可以在直線上找到一點，使其坐標等於該實數。如此這般，將一直線上的每一點都賦予一個坐標後，這條直線就叫做**直線坐標系**或**數線**或**實數軸**。實數全體與直線合而為一，數就是點，點就是數。

一個直線坐標系是隨著原點與單位長度的取定而確定下來。取不同的原點或不同的單位長度，就得到直線上不同的坐標系。因此，在一直線上可以建造許多不同的坐標系。我們應該按照問題的需要而建立一個方便的坐標系。

例 1 該 A 點的坐標為 a，B 點的坐標為 b，則線段 $\overline{AB}$ 中點的坐標為 $\frac{a+b}{2}$；線段 $\overline{AB}$ 之長（或 A 與 B 兩點之間的距離）為 $|a-b|$；「A 在 B 的右邊」就用 "$a>b$" 來表示；「A 在 B 的左邊」就用

"$a<b$" 來表示。絕對值 $|a|$ 表示 A 點到原點的距離。當 $a>0$ 時，表示 A 點在原點的右邊；當 $b<0$ 時，表示 B 點在原點的左邊。當 $a<b$ 時，閉區間 $[a, b]$ 就是線段 $\overline{AB}$ 且包含兩端點；$(a, b]$ 表示線段 $\overline{AB}$ 但不包含左端點；(a, b) 表示線段 $\overline{AB}$ 但不包含兩端點。　　　　　　　　　　　　　　■

乙、平面直角坐標系

在圍棋盤上，要描述棋子的位置，通常就採用直角坐標系的辦法。例如在圖 5–6 中，白子②的位置是 $(3, 16)$，白子④的位置是 $(2, 3)$，黑子①的位置是 $(15, 15)$，黑子③的位置是 $(15, 3)$。

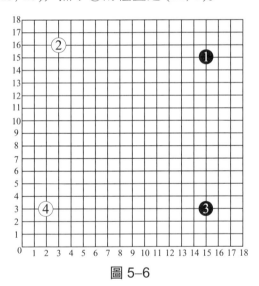

圖 5–6

更一般而言，在數學中，要描述平面上點的位置，所採用的平面直角坐標系如下：

(1)在平面上畫互相垂直的兩條直線，分別稱為 x 軸（或橫軸）與 y 軸（或縱軸），交點 O 稱為原點。

⑵每一條直線都仿照甲段的辦法，賦予直線坐標系，如圖 5–7 所示。

⑶x 軸與 y 軸將平面分割成四個區域，右上角的區域叫做**第一象限**，左上角的區域叫做**第二象限**，左下角的區域叫做**第三象限**，右下角的區域叫做**第四象限**。

這樣我們就在平面上建立了**直角坐標系**（或叫做**笛卡兒坐標系**）。於是平面上一點 P 的位置就可以描述如下：過 P 點分別作垂直於 x 軸與 y 軸之直線，其垂足點分別為 P_x 與 P_y，坐標分別為 3 與 2，那麼我們就稱 3 為 P 點的橫坐標（或 x 坐標），2 為 P 點的縱坐標（或 y 坐標），而稱 P 點的坐標為 $(3, 2)$。反過來，如果有一數對 (a, b)，我們也可以在平面上找到一點，使其坐標為 (a, b)。

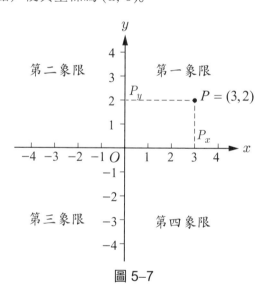

圖 5–7

注意到，我們必須用兩個數，即一數對 (a, b)，才可以描述平面上的點。雖然開區間與數對所用的記號相同，但意思完全不一樣，絕不能混為一談。

至此我們已看出，數對與平面上的點構成一個對應一個的局面，這種對應關係就叫做平面上的一個直角坐標系。今後我們常常把點及其坐

標看成二而一的東西：兩位一體！因此，若 P 點的坐標為 (a, b)，我們就用 $P = (a, b)$ 或 $P(a, b)$ 來表示。平面直角坐標系就是我們要作方程式或函數的圖解之基礎。

例2 在坐標平面上描畫出 $(4, 3)$, $(3, 4)$, $(-2, 1)$, $(-3, -4)$, $(4, -3)$ 所代表的點。

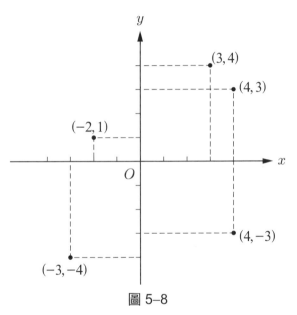

圖 5-8

（註：$(4, 3)$ 與 $(3, 4)$ 所代表的點不相同，故坐標的次序不可調換。因此我們有時也稱數對 (a, b) 為序對 (a, b)。）

例3 原點的坐標為 $(0, 0)$。

第一象限的點 (a, b) 具有 $a > 0$, $b > 0$ 的性質。

第二象限的點 (a, b) 具有 $a < 0$, $b > 0$ 的性質。

第三象限的點 (a, b) 具有 $a < 0$, $b < 0$ 的性質。

第四象限的點 (a, b) 具有 $a > 0$, $b < 0$ 的性質。

丙、兩點間之距離

在坐標平面上，已知兩點，如何求它們之間的距離?

設 P, Q 為坐標平面上兩點，其坐標分別為 (x_1, y_1) 與 (x_2, y_2)，則由畢氏定理知 P 與 Q 兩點之間的距離，即線段 $\overline{PQ}$ 的長度滿足

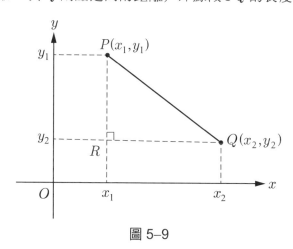

圖 5–9

$$\overline{PQ}^2 = \overline{PR}^2 + \overline{RQ}^2 = (x_2 - x_1)^2 + (y_2 - y_1)^2$$

$$\therefore \overline{PQ} = \sqrt{\overline{PR}^2 + \overline{RQ}^2}$$

$$= \sqrt{(x_2 - x_1)^2 + (y_2 - y_1)^2} \tag{1}$$

這就是**兩點間的距離公式**。

如果 Q 點為原點 $O = (0, 0)$，則 $\overline{OP}$ 的長度為

$$\overline{OP} = \sqrt{x_1^2 + y_1^2} \tag{2}$$

（註：P 點與 Q 點落在其他任何象限時，上述(1), (2)兩公式仍然成立。）

另外，當 $x_1 = x_2$ 或 $y_1 = y_2$ 時，(1)式就化約成

$$\overline{PQ} = \sqrt{(y_1 - y_2)^2} = |y_1 - y_2|$$

或 $$\overline{PQ} = \sqrt{(x_1 - x_2)^2} = |x_1 - x_2|$$

例 4 求兩點 $P = (3, -1)$, $Q = (-1, 5)$ 之間的距離。

解 $\overline{PQ} = \sqrt{(-1-3)^2 + (5+1)^2} = \sqrt{52} = 2\sqrt{13}$ ■

例 5 三角形三頂點的坐標為 $P = (0, 0)$, $Q = (3, 2)$, $R = (5, 1)$，求三邊之長。

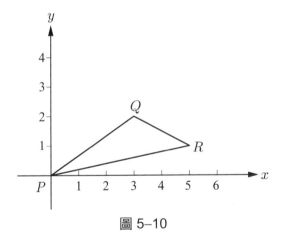

圖 5-10

解 $\overline{PQ} = \sqrt{(3-0)^2 + (2-0)^2} = \sqrt{9+4} = \sqrt{13}$

$\overline{PR} = \sqrt{(5-0)^2 + (1-0)^2} = \sqrt{25+1} = \sqrt{26}$

$\overline{QR} = \sqrt{(5-3)^2 + (1-2)^2} = \sqrt{4+1} = \sqrt{5}$ ■

例 6 圓是最對稱的圖形，由圓心與半徑完全決定，跟圓心等距離的點所成的軌跡就是一個圓。今取原點為圓心，設半徑為 r，圓上任

一點的坐標為 (x, y)，則得

$$\sqrt{(x-0)^2 + (y-0)^2} = r$$

亦即

$$x^2 + y^2 = r^2$$

這就是圓的方程式。

隨堂練習　設圓心為 $(3, -4)$，半徑為 5，試求圓的方程式。

丁、分點公式

在坐標平面上，連結兩點 $P = (x_1, y_1)$ 與 $Q = (x_2, y_2)$ 的線段 $\overline{PQ}$，考慮其上的分點 R，若分割的比例為 $\overline{PR} : \overline{RQ} = m : n$，試求 R 的坐標 (x, y)。參見圖 5–11。

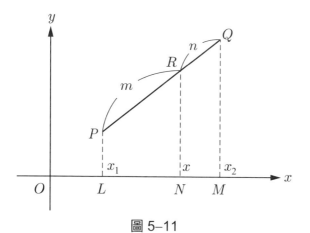

圖 5–11

為此，我們先考慮較簡單的數線的情形。在數線上有 A 與 B 兩點，坐標分別為 a 與 b，C 為 $\overline{AB}$ 的一個分點，已知 $\overline{AC} : \overline{CB} = m : n$，試求

C 點的坐標 x，參見圖 5–12。

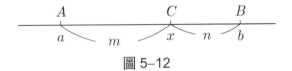

圖 5–12

因為 $\overline{AC} = x - a$，$\overline{CB} = b - x$，並且

$$\frac{\overline{AC}}{\overline{CB}} = \frac{m}{n}$$

所以

$$\frac{x - a}{b - x} = \frac{m}{n}$$

解得

$$x = \frac{na + mb}{m + n} \qquad (3)$$

回到原問題，在圖 5–11 中，由 P, Q, R 向 x 軸作垂線，分別交於 L, M, N 三點，則

$$\overline{LN} = \overline{ON} - \overline{OL} = x - x_1$$
$$\overline{NM} = \overline{OM} - \overline{ON} = x_2 - x$$

因為 $\overline{PL} /\!/ \overline{RN} /\!/ \overline{QM}$（平行），所以

$$\frac{\overline{LN}}{\overline{NM}} = \frac{\overline{PR}}{\overline{RQ}} = \frac{m}{n}$$

從而

$$\frac{x - x_1}{x_2 - x} = \frac{m}{n}$$

解得

$$x = \frac{nx_1 + mx_2}{m + n} \tag{4}$$

同理可得

$$y = \frac{ny_1 + my_2}{m + n} \tag{5}$$

上述(3), (4), (5)三式就是**分點的坐標公式**。注意，分子中的 m 與 n 不要錯置！

特別地，當 $m = n$ 時，即 R 為線段 $\overline{PQ}$ 的中點時，則(4)與(5)式變成

$$x = \frac{x_1 + x_2}{2}, \ y = \frac{y_1 + y_2}{2} \tag{6}$$

這是**中點的坐標公式**。

例 7　設 $A = (x_1, y_1)$, $B = (x_2, y_2)$, $C = (x_3, y_3)$ 為三角形之三頂點，試求 $\triangle ABC$ 的重心之坐標。

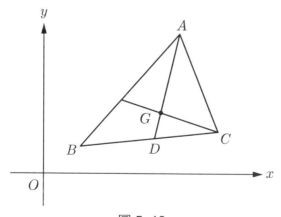

圖 5–13

解 三角形三中線的交點叫做重心。設重心 G 的坐標為 (x, y)，$\overline{BC}$ 邊上中點的坐標為 (x_4, y_4)，則由(6)式知

$$x_4 = \frac{x_2 + x_3}{2}, \; y_4 = \frac{y_2 + y_3}{2}$$

又已知重心 G 將中線 $\overline{AD}$ 分成 $2:1$ 之比，故由(4), (5)之公式知

$$x = \frac{x_1 + 2x_4}{1 + 2} = \frac{x_1 + x_2 + x_3}{3}$$

$$y = \frac{y_1 + 2y_4}{1 + 2} = \frac{y_1 + y_2 + y_3}{3}$$

習 題 5-3

1.在坐標平面上標出下列各點的位置：

(1) $(5, 2)$, $(5, -4)$, $(-1, -4)$, $(-1, 2)$

(2) $(3, 2)$, $(8, 0)$, $(0, -9)$, $(-1, 6)$

2.求 $\overline{PQ}$ 之長度：

(1) $P = (7, 8)$, $Q = (4, 4)$

(2) $P = (0, 0)$, $Q = (-1, -7)$

(3) $P = (-2, 5)$, $Q = (3, -4)$

3.三角形的三個頂點坐標為 $(4, 5)$, $(6, 7)$, $(8, -9)$，求三角形的周長。

4. 設 $A = (-1, -7)$, $B = (2, 6)$：

　⑴求 $\overline{AB}$ 之長

　⑵求 $\overline{AB}$ 的中點坐標

　⑶求 $\overline{AB}$ 上 $2 : 3$ 的分點坐標

　⑷求 $\overline{AB}$ 上 $4 : 7$ 的分點坐標

5. 平行四邊形 $ABCD$ 三個頂點的坐標為 $A = (-2, 3)$, $B = (4, -1)$, $C = (6, 1)$, 試求 D 點的坐標。

*6. 設 $\triangle ABC$ 的 $\overline{BC}$ 邊上的中點為 M，試證

$$\overline{AB}^2 + \overline{AC}^2 = 2(\overline{AM}^2 + \overline{BM}^2)$$

試用坐標法證明之。這叫做中線定理。

5–4　函數的圖形

現在我們要借助坐標系的工具，來圖解一個函數。

設 A, B 為兩個集合，我們取 A 的元素 a 與 B 的元素 b 做成一對 (a, b)，順序也要考慮，例如 $(2, 3)$ 與 $(3, 2)$ 不同！所有這種**序對**的全體所成的集合記做 $A \times B$，叫做 A 與 B 的**積集**或**笛卡積**（紀念笛卡兒，Descartes）。當 A, B 都是 $\mathbb{R}$ 時，那麼 A, B 各用平面上互相垂直的兩線來代表，於是 $A \times B = \mathbb{R} \times \mathbb{R} \equiv \mathbb{R}^2$，就可以用平面來代表，這是平面坐標系的辦法。如果 A 或 B 不是 $\mathbb{R}$ 的子集，這種「代表」只是「意思意思」，因為此時 A, B 無法用兩條直線來代表。例如，設 $A = \{$甲, 乙, 丙, $\cdots$, 癸$\}$, $B = \{$子, 丑, 寅, $\cdots$, 亥$\}$，則

$$
\begin{array}{c}
A, B = \{ \quad\quad 子, \quad\quad 丑, \quad\quad 寅, \cdots, \quad\quad 亥 \} \\
\underset{\overbrace{\text{甲，乙，丙，}\cdots\text{，癸}}}{\parallel} \\
A \times B = \left\{
\begin{array}{ccccc}
(甲, 子), & (甲, 丑), & (甲, 寅), & \cdots, & (甲, 亥) \\
(乙, 子), & (乙, 丑), & (乙, 寅), & \cdots, & (乙, 亥) \\
(丙, 子), & (丙, 丑), & (丙, 寅), & \cdots, & (丙, 亥) \\
\vdots & \vdots & \vdots & \vdots & \vdots \\
(癸, 子), & (癸, 丑), & (癸, 寅), & \cdots, & (癸, 亥)
\end{array}
\right\}
\end{array}
$$

（註： $A \times B$，有 120 個元素，而不是「六十甲子」。）

定　義

設函數 $f : A \longrightarrow B$，定義為 $y = f(x)$，則集合 $\{(a, f(a)) \mid a \in A\}$ 稱為此函數的（圖解）圖形、或軌跡。

　　因此，函數的圖形就是 $A \times B$ 的子集。這子集跟每條「縱線」 $x = a$（$\in A$）有「交點」，而且只有一個「交點」，即 $(a, f(a))$。這是因為定義域內任一元素，只跟值域 B 中唯一元素對應的緣故。

　　通常 A 與 B 都是 $\mathbb{R}$（或其子集），此時函數的圖形就真正是坐標平面上的點集合（由點所構成的集合）。作函數圖形就是要將這點集合在坐標平面上描繪出來。因此函數 f 的圖形可以這樣子「描」：對不同的 x 計算 $f(x)$，再作出點 $(x, f(x))$，對一切可能的 x 都是這麼描點，就得出函數的圖形了。函數 f 與它的圖解，根本是「二而一」，由圖解就確定了函數。

　　一般而言，函數的圖形有無限多點。我們無法一一加以描繪，只能描出少數幾點（當然描點愈多，圖形愈準確），然後再用平滑的曲線連接起來，這就得到函數的概略圖形。下面我們就開始來作出一些常見而重要的函數圖形。

例 1 求作一次函數 $y = f(x) = \dfrac{2}{3}x - 4$ 的圖形。

解

x	-3	0	3
y	-6	-4	-2

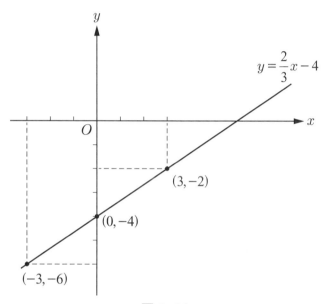

圖 5–14

例 2 試作二次函數 $y = f(x) = 3x^2 + x + 1$ 的圖形。

解

x	$\cdots$	-2	-1	0	1	2	$\cdots$
y	$\cdots$	11	3	1	5	15	$\cdots$

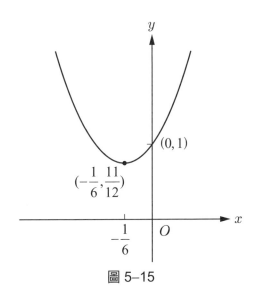

圖 5–15

例 3 作二次函數 $y = f(x) = -x^2 + x + 2$ 之圖形。

解

x	-1	0	$\dfrac{1}{2}$	1	2
y	0	2	$2\dfrac{1}{4}$	2	0

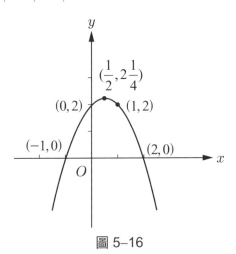

圖 5–16

例 4　作函數 $y = f(x) = 2x^3 - 8x^2 - 11$ 之圖形。

解

x	6	5	4	3	2	1	0	−1	−2	−3
y	133	39	−11	−29	−27	−17	−11	−21	−59	−137

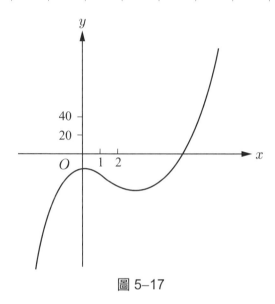

圖 5–17

（註：在上圖中，x 軸與 y 軸所採用的「單位長度」不一樣，同樣的長度在 x 軸代表一個單位，而在 y 軸代表 20 個單位。這樣對作圖很方便。）

　　透過函數圖形，我們就可以用幾何來觀察 x 與 y 的變化情形，進而了解它們之間的變化大勢。

　　透過坐標系可以溝通代數學與幾何學。代數學這一面的函數、方程式與幾何學這一面的圖形可以互相轉化，使得數與形成為一家，結合代數的演算與幾何的直覺。

　　下面我們舉一個例子來說明方程式之轉化成幾何圖形，從而解決問題。

例 5 雞兔同籠一共有 40 隻，腳有 100 隻。假設雞有 x 隻，兔有 y 隻，則得

$$\begin{cases} x + y = 40 \cdots\cdots ① \\ 2x + 4y = 100 \cdots\cdots ② \end{cases}$$

在坐標平面上，分別作出滿足①，②兩方程式的點 (x, y)，得到兩條直線，參見圖 5–18。

作圖解的辦法是，先列出滿足 $x + y = 40$ 的一些 x, y 值：

x	10	5	1	0	–2	40
y	30	35	39	40	42	0

以及滿足 $2x + 4y = 100$ 的一些 x, y 值：

x	50	10	0	–20
y	0	20	25	35

分別在坐標平面上，將這些點標示出來，再連結起來，就得到下圖：

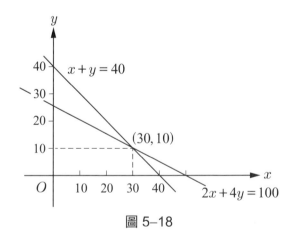

圖 5–18

這順便也給出了聯立方程組①，②的幾何解釋：答案就是兩直線的交點坐標 $(30, 10)$。

　　利用函數圖形，我們也可以重新解說第四章所討論的解方程式的問題。例如，解方程式 $-x^2+x+2=0$ 的兩根 $2, -1$ 就是函數 $y=-x^2+x+2$ 的圖形跟 x 軸的交點之橫坐標。

習　題　5-4

1.設 $f(x)=2x-3$，求：

　⑴ $f(1)$　　　　　　　　　　⑵ $f(0)$

　⑶ $f(-3)$　　　　　　　　　⑷ $f(\dfrac{1}{4})$

　⑸ $f(x-1)$

2.設 $f(x)=\dfrac{|x|}{x}$，求：

　⑴ $f(2)$　　　　　　　　　　⑵ $f(-2)$

　⑶ $f(-100)$　　　　　　　　⑷ $f(x^2)$

　⑸ $f(100)$

3.作下列函數的圖形：

　⑴ $f(x)=3x^2$　　　　　　　⑵ $f(x)=1+x^2$

　⑶ $f(x)=x^2-x$　　　　　　⑷ $f(x)=x^2+2x+1$

　⑸ $f(x)=|x|$　　　　　　　⑹ $f(x)=x^3$

第六章 三角函數

　　三角學 (trigonometry) 一詞源出希臘文，意思是指：三角形的測量，包括三角形的邊或角。古時候人類觀星象、航海冒險或測量土地，在在都需要測量距離、角度或方位。最基本的幾何圖形就是三角形，因此，三角形的測量就變成研究的出發點。

　　但是當直接測量費時或不可能時，我們勢必要想出一些工具來幫忙我們推求未知，這個工具就是三角學。它的整個基本精神建立在相似三角形（尤其是相似直角三角形）的原理：即兩個三角形若三內角對應相等，則此兩三角形相似，從而對應邊成比例。

　　今日，三角學除了應用在測量、航海等領域之外，在數學及自然科學上也是不可或缺的工具，用來描述週期與波動現象。三角函數是一類很重要的函數。

　　本章我們先複習國中學過的銳角三角函數，然後進到一般角的三角函數之介紹。下一章（即第七章）我們再探討三角形的測量，即所謂的「解三角形問題」。第八章討論反三角函數與解三角方程式。

6–1　銳角的三角函數

甲、畢氏定理

　　在所有平面幾何圖形中，以三角形最基本；在所有三角形中，又以直角三角形最簡單且最重要，因為直角三角形具有一個美妙的性質，即畢氏定理。

定　理

（畢氏定理、商高定理、勾股定理）

在直角三角形中，斜邊的平方等於兩股的平方和。說得更明確一點，在圖 6–1 中，假設 $\angle C = 90°$，則 $c^2 = a^2 + b^2$。

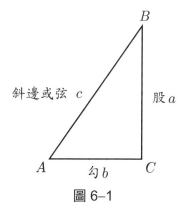

圖 6–1

在歐氏幾何中，最核心的兩個結果是畢氏定理以及三角形三內角和為 $180°$ 定理。前者至少有 370 種證法，其中古埃及人已經知道如下最簡單而漂亮的證法：

以 $a + b$ 長為邊，作兩個正方形，並且如圖 6–2 之分割，左右兩個圖都各去掉相同的四個直角三角形，左圖剩下的面積為 $a^2 + b^2$，右圖剩下的面積為 c^2。由等量減法公理可知 $a^2 + b^2 = c^2$，證畢。

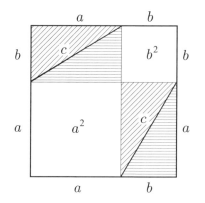
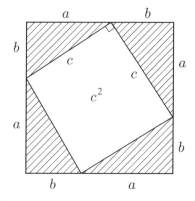

圖 6–2

例 1　邊長分別為 a, b, c 之長方體，試求其對角線 $\overline{AB}$ 之長度。

解　由畢氏定理知 $\overline{BC}^2 = a^2 + b^2$

且 $\overline{AB}^2 = \overline{BC}^2 + \overline{AC}^2$，

$\therefore \overline{AB}^2 = a^2 + b^2 + c^2$

亦即 $\overline{AB} = \sqrt{a^2 + b^2 + c^2}$。

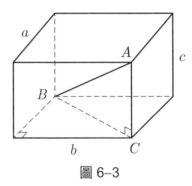

圖 6–3

例 2　某人欲郵寄一長度為 1.5 公尺的細長物品。今郵局規定郵包的長
　　　度最多不能超過 1 公尺。若不改變物品的長度，問此人用何種方
　　　法可以寄出郵包，而又不違背郵局的規定？

解　利用長、寬、高各為 1 公尺的立方形紙盒，將物品按對角線斜放
　　　就好了。此時，對角線長為 $\sqrt{1^2 + 1^2 + 1^2} = \sqrt{3} \approx 1.732$，足可容
　　　納。

例 3　在直角三角形 ABC 中，已知 $\angle C$ 為直角且 $\overline{AB} = 15$, $\overline{BC} = 9$，求
　　　$\overline{AC} = ?$

解　$\because \overline{AC}^2 + \overline{BC}^2 = \overline{AB}^2$

$\therefore \overline{AC}^2 = \overline{AB}^2 - \overline{BC}^2 = 15^2 - 9^2 = 144$

$\therefore \overline{AC} = 12$

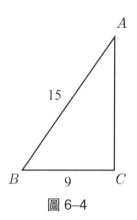

圖 6–4

乙、銳角的三角函數之定義

　　山的高度，兩地的距離等等，當直接測量辦不到時，通常就利用相似三角形來幫忙測量。相似三角形基本定理是說：兩個三角形若三內角對應相等，則它們就相似，從而對應邊成比例。

例 4　在圖 6–5 中，有一棵樹的高度 $\overline{AB}$ 無法直接測得，於是我們選定地面一點 O，測得 $\overline{OA}$ 為 15 公尺，$\angle BOA = 33°$。我們作一個直角三角形 $O'A'B'$ 使得 $\angle B'O'A' = 33°$，並且測得 $\overline{O'A'} = 10$ 公分，$\overline{A'B'} = 6.5$ 公分。由於 $\triangle OAB$ 與 $\triangle O'A'B'$ 相似，故

$$\frac{\overline{AB}}{\overline{OA}} = \frac{\overline{A'B'}}{\overline{O'A'}}$$

$$\therefore \overline{AB} = \overline{OA} \times \frac{\overline{A'B'}}{\overline{O'A'}} = 15 \times \frac{6.5}{10} = 9.75 \text{ 公尺。}$$

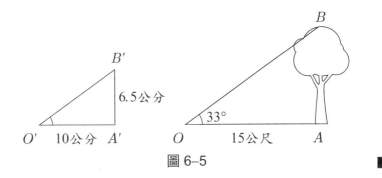

圖 6–5

隨堂練習 某燈塔的陰影長度為 130 公尺，同時一根長為 5 公尺的竹竿，垂直豎立後的陰影長為 7 公尺，試求燈塔的高度。

　　知道一個直角三角形邊與邊的比值，很有助於我們處理某些測量的問題。因此，值得將直角三角形邊與邊的比值特別提出來討論。這就是三角函數的由來。

　　考慮一個銳角 $\angle A$，即 $\angle A$ 介乎 $0°$ 到 $90°$ 之間，我們用它作成直角 $\triangle ABC$ 的一個角，而且設 $\angle A$ 的對邊 $\overline{BC}$ 為鉛垂的，$\angle A$ 的鄰邊 $\overline{AC}$ 為水平的，我們把點 A 寫在左方，點 C 寫在右方，如下圖 6–6。

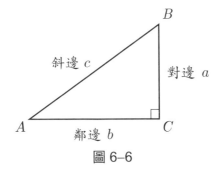

圖 6–6

這樣子的三角形，在我們只已知 $\angle A$ 時，當然可以畫無窮多個。如下圖 6–7 中的 $\triangle ABC$, $\triangle AB_1C_1$, $\triangle AB_2C_2$, $\cdots$ 等都是。不過這些三角形都相似。（為什麼？）

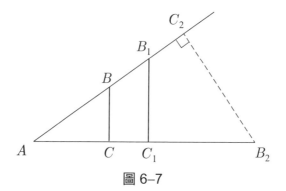

圖 6–7

因此，不論你取的是那一個三角形，自三邊（即對邊、鄰邊及斜邊）所作的兩兩比值（一共有六個），總是一樣的，跟你所取的三角形無關，而只跟 $\angle A$ 有關！例如：因為 $\triangle ABC \sim \triangle AB_1C_1 \sim \triangle AB_2C_2$，所以

$$\frac{\overline{BC}}{\overline{AB}} = \frac{\overline{B_1C_1}}{\overline{AB_1}} = \frac{\overline{B_2C_2}}{\overline{AB_2}}, \qquad \frac{\overline{BC}}{\overline{AC}} = \frac{\overline{B_1C_1}}{\overline{AC_1}} = \frac{\overline{B_2C_2}}{\overline{AC_2}}$$

$$\frac{\overline{AC}}{\overline{AB}} = \frac{\overline{AC_1}}{\overline{AB_1}} = \frac{\overline{AC_2}}{\overline{AB_2}}, \qquad \frac{\overline{AB}}{\overline{BC}} = \frac{\overline{AB_1}}{\overline{B_1C_1}} = \frac{\overline{AB_2}}{\overline{B_2C_2}}$$

$$\frac{\overline{AC}}{\overline{BC}} = \frac{\overline{AC_1}}{\overline{B_1C_1}} = \frac{\overline{AC_2}}{\overline{B_2C_2}}, \qquad \frac{\overline{AB}}{\overline{AC}} = \frac{\overline{AB_1}}{\overline{AC_1}} = \frac{\overline{AB_2}}{\overline{AC_2}}$$

換句話說，$\angle A$ 一確定，則上述直角三角形邊與邊的六個兩兩比值就完全確定。我們稱這六個比值為 $\angle A$ 的六個三角函數。為了以後使用與稱呼方便，我們給它們取名如下：

$$\text{「}\angle A \text{ 的正弦」} = \frac{\text{對邊}}{\text{斜邊}} = \frac{\overline{CB}}{\overline{AB}}, \quad \text{記作 } \sin A$$

$$\text{「}\angle A \text{ 的餘弦」} = \frac{\text{鄰邊}}{\text{斜邊}} = \frac{\overline{AC}}{\overline{AB}}, \quad \text{記作 } \cos A$$

$$\text{「}\angle A \text{ 的正切」} = \frac{\text{對邊}}{\text{鄰邊}} = \frac{\overline{CB}}{\overline{AC}}, \quad \text{記作 } \tan A$$

$$「\angle A \text{ 的餘切」} = \frac{\text{鄰邊}}{\text{對邊}} = \frac{\overline{AC}}{\overline{CB}}, \text{ 記作 } \cot A$$

$$「\angle A \text{ 的正割」} = \frac{\text{斜邊}}{\text{鄰邊}} = \frac{\overline{AB}}{\overline{AC}}, \text{ 記作 } \sec A$$

$$「\angle A \text{ 的餘割」} = \frac{\text{斜邊}}{\text{對邊}} = \frac{\overline{AB}}{\overline{CB}}, \text{ 記作 } \csc A$$

（註 1：正弦與餘割，餘弦與正割，正切與餘切，它們都是互逆！）

（註 2：由 $\sin A$ 及 $\cos A$ 就可以表出其他的三角函數：

$$\tan A = \frac{\sin A}{\cos A}, \quad \cot A = \frac{\cos A}{\sin A}$$

$$\sec A = \frac{1}{\cos A}, \quad \csc A = \frac{1}{\sin A}$$

因此正弦與餘弦是比較基本而重要的，而且它們好像連體嬰一樣，共用一個心肺。）

例 5　在下面的直角三角形中，求 $\angle A$ 的六個三角函數。

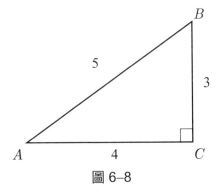

圖 6–8

解　$\sin A = \dfrac{\text{對邊}}{\text{斜邊}} = \dfrac{3}{5} = 0.60$

$$\cos A = \frac{鄰邊}{斜邊} = \frac{4}{5} = 0.80$$

$$\tan A = \frac{對邊}{鄰邊} = \frac{3}{4} = 0.75$$

$$\cot A = \frac{1}{\tan A} = \frac{4}{3} \approx 1.33$$

$$\sec A = \frac{1}{\cos A} = \frac{5}{4} = 1.25$$

$$\csc A = \frac{1}{\sin A} = \frac{5}{3} \approx 1.67$$

例 6 敵人在城外紮營，我們打算開砲（砲在 A 點），擊毀他們的軍旗大寨（B 點），我們先找到城牆上的點 C，使 $\overline{CB}$ 和城牆 $\overline{AC}$ 垂直。今量得 $\angle CAB = 70°$，及 $\overline{AC} = 300$ 公尺。試求我砲跟敵寨的距離。

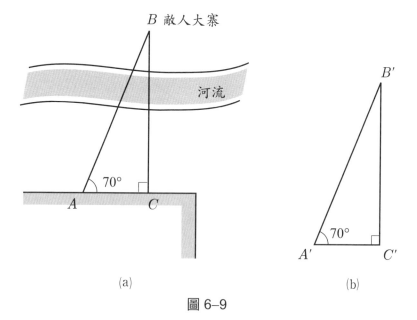

(a)   (b)

圖 6–9

解 因為 $\dfrac{\overline{AB}}{\overline{AC}} = \sec 70°$，亦即

$\overline{AB} = 300$ 公尺 $\times \sec 70°$

這個 $70°$ 角的正割，目前我們雖不知等於多少，

但是我們可以在紙上作一補助圖而求出。

如圖 6–9⒝，量得

$\overline{A'B'} = 2.92$ 公分，$\overline{A'C'} = 1$ 公分。

（故意取 $\overline{A'C'}$ 為 1 公分）

$\therefore \sec 70° = \dfrac{\overline{A'B'}}{\overline{A'C'}} \approx 2.92$

因此 $\overline{AB} = 300$ 公尺 $\times 2.92 = 876$ 公尺。 ∎

　　如果我們有一個數值表可以查出各種角的三角數值，那麼上面的例子就變成查表計算而已。但是萬一沒有表可查，那就仿照上述的辦法，作一個補助圖。因此，三角數值表就相當於補助圖的縮寫資料而已。事實上，利用電算器隨時可以求得三角函數值。

　　總之，知道了各種角的三角數值，對於我們處理測量的問題很有幫助。我們把 $0°$ 到 $90°$ 之間的角度，每隔 $0.1°$ 列出它們的正弦、餘弦及正切的三角數值，這就是書末所附的三角函數表。你要養成隨時查表、作計算的習慣。「手腦並用」是很重要的生活態度！

（註：書末我們只列出正弦、餘弦及正切的數值表，其餘三個只要再求一下倒數就好了。另外，我們的表之細密度為 $0.1°$，萬一碰到查不到的情形，那就使用內插法。）

例 7　在圖 6–10 中，試求山的高度。

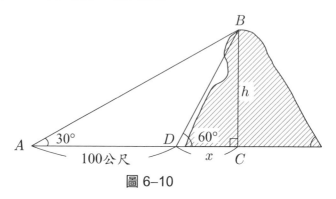

圖 6–10

解　首先注意到，我們無法實地測量 A 點到 C 點的距離，因為 C 點
在山的內部。此時我們能夠測量的只是 $\angle A = 30°$，但是光由這
個數據無法求出山的高度。我們必須多測量一些補助數據，例如
圖 6–10 中，我們向山走 100 公尺到達 D 點，並且量得
$\angle BDC = 60°$，利用這些數據我們就有辦法求出山高 h 了。

今設 $\overline{CD} = x$，則我們有

$$\tan 30° = \frac{h}{100 + x}$$

$$\tan 60° = \frac{h}{x}$$

查表得知 $\tan 30° = 0.5774,\ \tan 60° = 1.7321$，所以

$$\begin{cases} \dfrac{h}{100 + x} = 0.5774 \cdots\cdots ① \\[2mm] \dfrac{h}{x} = 1.7321 \cdots\cdots ② \end{cases}$$

① ÷ ② 得 $\dfrac{x}{100 + x} \approx 0.333$

$\therefore x \approx 50$（公尺）

因此由②得

$h = 50 \times 1.7321 \approx 87$ 公尺

隨堂練習 一梯子靠在牆上，梯長 6 公尺，梯子與地面成 20° 的傾斜角，求牆腳到梯子上端的高度。

隨堂練習 如圖 6–11，為測量湖寬 $\overline{PQ}$，從 P 點與 $\overline{PQ}$ 垂直方向走 100 公尺，再以量角器量出 $\angle PRQ = 78°$，試問 $\overline{PQ}$ 之長度是多少？

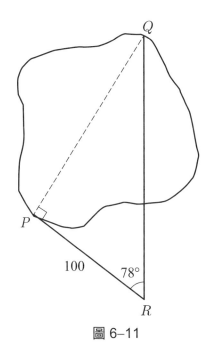

圖 6–11

　　根據上述，給一個銳角 $\angle A$，我們就可以算出 $\angle A$ 的六個三角數值。換言之，任給一個角度 x，$0° \leq x° \leq 90°$，就對應有 $\sin x, \cos x, \tan x, \cdots$ 等。我們稱 $y = \sin x$ 叫做正弦函數。其他的分別稱為餘弦函數、正切函數、餘切函數、正割函數、及餘割函數，統稱為銳角三角函數。在第三、四節裡，我們要將角度放寬成一般角，並且類似地要將銳角三角函數推廣成一般角的三角函數。

丙、三角函數值的線段表示法

如圖 6–12，在坐標平面上，取 $A = (0, 0)$（即原點），$C = (x, 0)$，$B = (x, y)$，其中 x, y 都是正實數。因此我們就得到一個直角三角形，它的斜邊長是 $\overline{AB} = \sqrt{x^2 + y^2}$（畢氏定理！）記作 r。

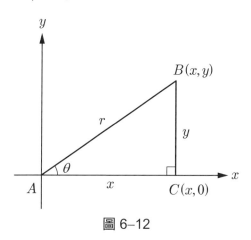

圖 6–12

於是 $\angle A$ 的六個三角函數可以表示如下：

$$\sin\theta = \frac{y}{r}, \qquad \cos\theta = \frac{x}{r}$$

$$\tan\theta = \frac{y}{x}, \qquad \cot\theta = \frac{x}{y}$$

$$\sec\theta = \frac{r}{x}, \qquad \csc\theta = \frac{x}{y}$$

如果 $r = \sqrt{x^2 + y^2} = 1$，那麼 B 點在「單位圓」上。所謂單位圓是以原點為圓心，1 為半徑的圓。看下面的圖 6–13：

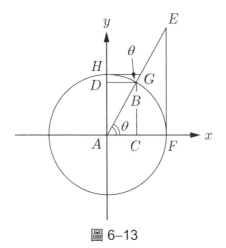

圖 6–13

$D = (0, y)$, $F = (1, 0)$, $H = (0, 1)$, $\overline{EF} /\!/ \overline{BC} /\!/ \overline{DA}$，且交 $\overline{AB}$ 於 E 點，$\overline{HG} /\!/ \overline{DB} /\!/ \overline{AC}$，且交 $\overline{AB}$ 於 G 點。注意到

$$\overline{AB} = \overline{AF} = \overline{AH} = 1$$

於是我們有：

$$\overline{CB} = \frac{\overline{CB}}{\overline{AB}} = \sin\theta$$

$$\overline{DB} = \overline{AC} = \frac{\overline{AC}}{\overline{AB}} = \cos\theta$$

$$\overline{EF} = \frac{\overline{EF}}{\overline{AF}} = \frac{\overline{CB}}{\overline{AC}} = \tan\theta$$

$$\overline{HG} = \frac{\overline{HG}}{\overline{AH}} = \cot\theta$$

$$\overline{AE} = \frac{\overline{AE}}{\overline{AF}} = \frac{\overline{AB}}{\overline{AC}} = \sec\theta$$

$$\overline{AG} = \frac{\overline{AG}}{\overline{AH}} = \frac{\overline{AB}}{\overline{AD}} = \frac{\overline{AB}}{\overline{CB}} = \csc\theta$$

三角函數又叫圓函數！我們由這裡稍可明白命名的由來！

丁、特別角的三角函數值

某些特別角之三角函數值，可以利用簡單的幾何圖形求出，最簡單的是三個特別的銳角，30°, 60°, 45°。

⑴ $\theta = 45°$ 之三角函數

考慮等腰直角三角形，此時 $x = y > 0$，且由商高定理知 $r = \sqrt{2}x$，參見圖 6–14。

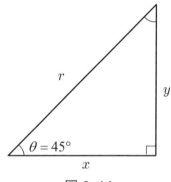

圖 6–14

而 $\sin 45° = \cos 45° = \dfrac{1}{\sqrt{2}} = \dfrac{\sqrt{2}}{2}$，

$\tan 45° = 1$

⑵ $\theta = 60°$ 與 $\theta = 30°$ 之三角函數

畫等邊三角形，如圖 6–15，邊長為 r，作一高 y，高就是中線，故 $x = \dfrac{r}{2}$，是 60° 角之鄰邊，而 $x^2 + y^2 = r^2$，$y^2 = r^2 - \dfrac{r^2}{4} = \dfrac{3}{4}r^2$，$y = \dfrac{\sqrt{3}}{2}r$，這是高，即 60° 角之對邊。

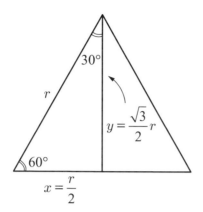

圖 6–15

因此：$\sin 60° = \dfrac{\sqrt{3}}{2}$

$\cos 60° = \dfrac{1}{2}$

$\tan 60° = \sqrt{3}$

而自餘角 30° 方面看過來：

$\sin 30° = \dfrac{1}{2}$

$\cos 30° = \dfrac{\sqrt{3}}{2}$

$\tan 30° = \dfrac{1}{\sqrt{3}}$

(3)怎麼記? 看右表：

	30°	45°	60°
sin	$\dfrac{1}{2}$	$\dfrac{\sqrt{2}}{2}$	$\dfrac{\sqrt{3}}{2}$
cos	$\dfrac{\sqrt{3}}{2}$	$\dfrac{\sqrt{2}}{2}$	$\dfrac{1}{2}$
tan	$\dfrac{1}{\sqrt{3}}$	1	$\sqrt{3}$

習 題 6–1

1. $\pi°$ 角 (A)大於 2 直角 (B)等於 2 直角 (C)小於 2 直角，但大於直角 (D)等於 1 直角 (E)小於 1 直角

2. 在下列各題中 α, β, γ 表示直角三角形的三內角，其對邊分別為 a, b, c 且 $\gamma = 90°$，如圖 6–16。試求 α, β 的六個三角函數。

(1) $a = 4$, $b = 3$, $c = 5$

(2) $a = 12$, $b = 16$, $c = 20$

(3) $a = 9$, $b = 40$, $c = 41$

(4) $a = 4$, $b = 7$

(5) $a = 5$, $c = 11$

(6) $a = 3$, $c = 3\sqrt{3}$

(7) $b = 9$, $a = 9$

(8) $a = 28$, $c = 29$

(9) $a = 4$, $b = 5$, $c = \sqrt{41}$

(10) $a = \sqrt{5}$, $c = \sqrt{27}$

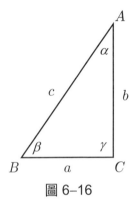

圖 6–16

3. 求下列各式的值：

(1) $(1 + \sin 30° + \sin 45°)(1 - \cos 45° + \cos 60°)$

(2) $\tan 30° \tan 60° - \tan 45° \cos 60°$

(3) $\sin 45° \cos 60° + \sin 30° \cos 45°$

(4) $\dfrac{\tan 60° - \tan 30°}{1 + \tan 60° \tan 30°}$

(5) $\dfrac{1 - 2\sin 30°}{2} \cdot \dfrac{\sin 60°}{1 - \cos 60°}$

4.在海岸上，有 A, B 兩瞭望臺，相距 2 哩，海中有一船 C，在 A 臺測
　得 $\angle BAC = 65°$，在 B 臺測得 $\angle ABC = 72°$，問瞭望臺 A 和船 C 相距
　多少哩？

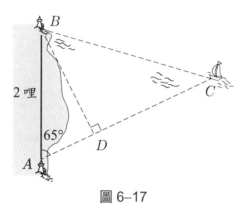

圖 6–17

6–2　一般角及其度量

　　在上一節中，我們對一個介於 0° 與 90° 之間的銳角定義六個「銳
角」三角函數。它們在測量上雖然已經很有用，但還是有所不足，例如
要描寫齒輪的旋轉量（正轉或反轉）、圓周運動、錶針的轉動……等週期
運動現象，其旋轉角度可為任意實數（順時針、逆時針），這些都需要有
一般角的概念，也需要將銳角三角函數推廣成一般角三角函數。

　　我們首先解釋什麼是角以及角的度量。在平面幾何裡，我們由一點
引兩條半線，這樣就構成一個**角**，這是我們所熟知的。圖 6–18 所畫的
就是一個角，O 稱為角的**頂點**，半線 $\overrightarrow{OA}$ 及 $\overrightarrow{OB}$ 稱為角的**邊**。

　　但是在三角學中，我們將一個角看做是一條半線繞其頂點旋轉而成
的。半線掃過的部分稱為**角的內部**，沒有掃過的部分稱為**角的外部**。在
圖 6–19 中，半線 $\overrightarrow{OA}$ 逆時針方向旋轉至 $\overrightarrow{OB}$ 的位置。半線 $\overrightarrow{OA}$ 稱為**始
邊**，$\overrightarrow{OB}$ 稱為**終邊**。逆時針方向旋轉所成的角規定為**正（號）角**（如圖

6–19），順時針方向旋轉所成的角規定為**負角**（正如實數軸一樣，原點的右邊規定為正，左邊為負），這樣的規定對我們很方便。下兩圖中的曲線箭頭表示旋轉的方向。正、負（向）角統稱為**有號角**或**有向角**或**一般角**。

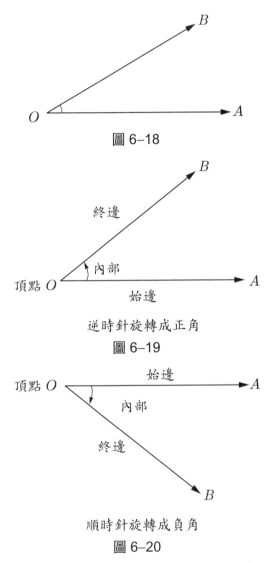

圖 6–18

逆時針旋轉成正角

圖 6–19

順時針旋轉成負角

圖 6–20

　　由上面的敘述可知，一個有號角是由「始邊」、「旋轉方向」及「旋轉量」所決定。只考慮旋轉量的大小，而不論旋轉方向，這樣的角稱為**無號角**。在平面幾何中，我們所看過的角都是無號角。

　　我們碰到一件事物總是希望去度量它，例如：這棵樹有多高，這條河有多寬，甲地到乙地的距離有多少等等。如果事物本身具有天然的離散的單位，則往往直接去數它，例如一籃橘子，我們可以數數看有幾個，但是如果事物本身不具有天然的單位（叫連續量），例如我們不能說一個水，二個水吧？在這種情形時，我們只有創造（或規定）一個單位，據之以衡量事物的大小、輕重、長短。例如：公克、公分、秒，分別屬於重量、長度、時間的單位。

　　現在讓我們來考慮無號角的度量的方法。我們所使用的度量角度的單位有兩種：一種是已經熟知的「度」，另一種是「弧度」。這如同在重量的度量中，有所謂「臺斤」與「公斤」兩種單位一樣。在三角學中，後者（即弧度）使用得更普遍。今分述如下：

甲、360° 制

　　將半線 $\overline{OA}$ 對 O 點繞一整圈的角，分成 360 個相等的角，我們規定每一等分角為一度，記作 1°，如圖 6–21。

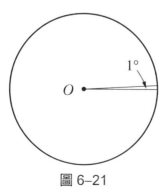

圖 6–21

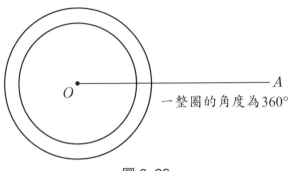

一整圈的角度為360°

圖 6–22

　　將 1° 的角再分成 60 個相等的角，每一等分的角，其角度稱為一分，記為 1′；每一分又分成 60 個相等的角，每一等分的角，其角度稱為 1 秒，記為 1″（這跟時間單位一樣；一小時有 60 分鐘，一分鐘有 60 秒）。例如，一個角的角度是 40 度 5 分 24 秒，則記作 40°5′24″。當然 40°5′24″ 亦可寫成 40.09°。將一個角加上旋轉方向的考慮就得到各種正負角。如圖 6–23 及 6–24 所示。360° = 周角的制度是巴比倫人採用的。至於為什麼用 360°？你想一想！這是由於一年約有 360 天，所以 360 很自然是「一周」。

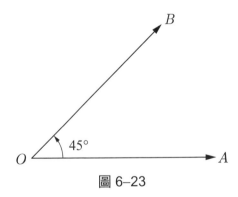

圖 6–23

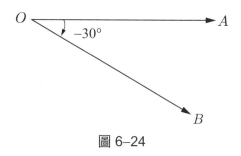

圖 6–24

通常我們用量角器 (protrator) 來度量一個角的角度，如在圖 6–25 中

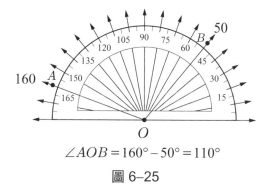

$\angle AOB = 160° - 50° = 110°$

圖 6–25

乙、弧度制

一個圓心角所截取的一段圓弧，其長度如果正好等於半徑長，則我們規定此圓心角的角度為一弧度。進一步，如果一個圓心角所截取的圓弧長為 s，而圓的半徑為 r，則規定此圓心角為 $\frac{s}{r}$ 弧度。其次，若一個圓心角為 θ 弧度，且所截取的弧長為 s，而圓的半徑為 r，則由 $\theta = \frac{s}{r}$ 得到

$$s = \theta r$$

這個公式對於求弧長很有用。此地應注意 θ 是無號角。

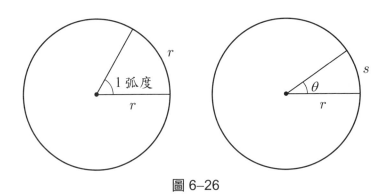

圖 6–26

（註：上面弧度的大小與圓的半徑無關，因此為了方便起見，我們通常都取半徑
　　為 1 的圓來討論即可。）

我們知道，半徑為 r 之圓，其圓周長為 $2\pi r$，故一個周角為 $\dfrac{2\pi r}{r}$
$= 2\pi$ 弧度，一個平角為 π 弧度，一個直角為 $\dfrac{\pi}{2}$ 弧度，……。在此 π 表
圓周率，它是個無理數，約等於 3.1416。

例 1　有一輛腳踏車，其輪子的半徑是 20 公寸，走了一百圈，問共走
　　　了多少距離?

解　輪子轉一百圈的角度 $= 2\pi \times 100 = 200\pi$ 弧度，

$\therefore s = \theta r = 200\pi \times 20 = 4000 \times 3.1416$ 公寸 ≈ 12566 公寸　∎

有關 360° 制與弧度制的換算如下:

$$\pi \text{ 弧度} = 180°$$

$$1 \text{ 弧度} = \frac{180°}{\pi} \approx 57.29564° = 57°17'45''$$

$$1° = \frac{\pi}{180} \text{ 弧度} \approx 0.017453 \text{ 弧度}$$

有了上述的公式，我們就可以將「度」與「弧度」互相換算（彷彿臺斤
與公斤的換算）。

例 2 π 弧度 $= 180°$，$\dfrac{\pi}{6}$ 弧度 $= 30°$，$\dfrac{\pi}{2}$ 弧度 $= 90°$，

$\dfrac{\pi}{3}$ 弧度 $= 60°$，$\dfrac{3\pi}{2}$ 弧度 $= 270°$，$\dfrac{\pi}{4}$ 弧度 $= 45°$，

這些角度，我們以後會常常使用到。 ▪

例 3 2.3 弧度 $= 2.3 \times \dfrac{180°}{\pi} = \dfrac{414°}{\pi} \approx 131.8°$

$158.2° = 158.2 \times \dfrac{\pi}{180}$ 弧度 ≈ 2.76059 弧度 ▪

（註：今後我們常將弧度省略不寫，因此如果我們說一個角度是 3，則是指 3 弧度
的意思。當我們所指的單位是「度」的時候，會特別把「度」標明出來，
例如 3°, 45° 等等。）

例 4 $260° = 260 \cdot \dfrac{\pi}{180}$ 弧度 $= \dfrac{13\pi}{9}$ 弧度

$\dfrac{10\pi}{3}$ 弧度 $= \dfrac{10\pi}{3} \cdot \dfrac{180°}{\pi} = 600°$ ▪

隨堂練習 1.化下列各角度為弧度：

    (1) $70°$ (2) $44°$

    (3) $135°$ (4) $210°5'30''$

  2.化下列各角度為 $360°$ 制的單位：

    (1) $\dfrac{3\pi}{4}$ (2) 2.416π

    (3) $\dfrac{\pi}{7}$ (4) $\dfrac{4\pi}{3}$

公式 扇形面積 $A = \dfrac{1}{2}\theta r^2$（見圖 6–27）；其中 r 為半徑長；θ 為圓心角，單位為弧度。

說明 因為這扇形面積和圓心角 θ 成正比，所以面積 A：全圓面積 πr^2 $= \theta : 2\pi$（圓周角），故 $A = \dfrac{\theta}{2} r^2$。

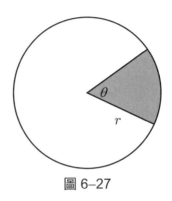

圖 6–27

隨堂練習 若一圓的半徑為 8 公分，圓心角為 $\dfrac{\pi}{4}$ 弧度，試求此扇形的面積。

　　在上面的敘述中，我們向你介紹了有號角，即一個角除了考慮它的旋轉量的大小之外，還要考慮它的旋轉正負號。如果我們選定一個始邊 $\overrightarrow{OA}$（見圖 6–28），讓 $\overrightarrow{OA}$ 繞其頂點 O 逆時針旋轉，先是得到正銳角，然後是 90°，再變成鈍角 180°, 270°, …，旋轉一圈我們就得到周角，即 360° 的角。如果繼續旋轉，就應該得到大於 360° 的角，旋轉兩圈就得到 720° 的角等等。如此繼續旋轉，可得任意大的正角。同理，順時針旋轉也可以得任意大的負角（見圖 6–29）。

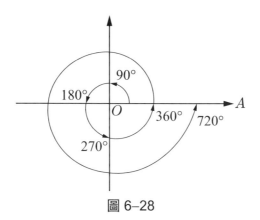

圖 6-28

換句話說，我們把角度的意義推廣，從圓周上一點出發，逆著時針方向繞行了長為 s 的弧，就說：轉了角度 $\theta = \dfrac{s}{r}$；這樣子一來，角度就不必限定在一個周角之內！同時在圖中， $+330°$，$-30°$ 與 $-390°$ 都有相同的始邊與終邊了！所以現在所說的角度不再是平面幾何學的角度，因為：如果只知道角的始邊與終邊，則我們由此並不能確定該角的角度。例如在下面的圖形中圖 6-30 表示兩個角度，一個是正角，一個是負角；圖 6-31 表示兩個正角；圖 6-32 表示兩個負角。它們都具有相同的始邊與終邊。像這樣具有相同的始邊與終邊的角，叫做**同界角**。兩個同界角的角度差一個 $360°$ 的倍數。因此，若 θ 及 θ' 為兩個同界角的角度，則 $\theta = n \times 360° + \theta'$，或 $\theta = 2n\pi + \theta'$，其中 n 為某一整數。

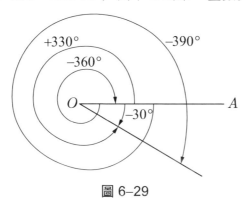

圖 6-29

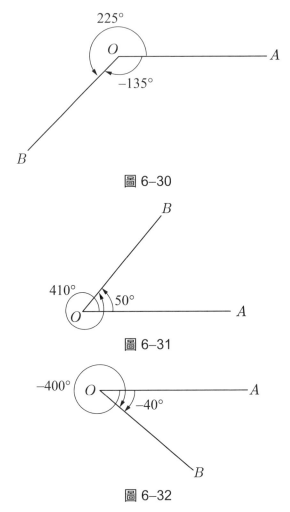

圖 6–30

圖 6–31

圖 6–32

　　到現在為止，任意角的角度已經有了意義，它可以是任何實數，再附加上「度」或「弧度」的單位。例如 4π 弧度，表示始邊逆時針繞兩圈所成的角之角度； $-370°$ 表示始邊順時針繞一圈又 $10°$ 所成的角之角度。如此，我們已完成一般角的建構。

　　為了利用平面坐標系的優良性質，我們將一個角移到平面坐標系上來討論，是非常方便的。為此我們提出如下的定義：

定 義

在一平面坐標系中，若一個角的頂點位於原點之上，且其始邊等於 x 軸的正方向，則我們稱此角位於**標準位置**（如圖 6–33）。

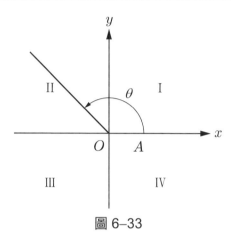

圖 6–33

一個標準位置角看它的終邊落在那一個象限，我們就說它是那個象限角，例如上圖的角是第二象限角。

隨堂練習 指出下列角度中，什麼角度跟什麼角度是同界的：$45°$, $920°$, $1035°$, $200°$, $-\dfrac{7}{4}\pi$, $300°$。

隨堂練習 若 2θ 與 $60°$ 是同界角，問 θ 是多少?

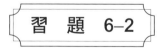

習 題 6-2

1. 試估計下列各角的角度：

  (1) 你進門時，扭開門鎖的旋轉量。

  (2) 你使用收音機時，從最大音量到關閉的旋轉量。

⑶早晨起床刷牙時，將牙膏的蓋子打開的旋轉量。

⑷你從最左看到最右時，頭的旋轉量。

你還能舉更多日常生活中，有關旋轉角度的事物嗎？

請你多舉幾個並且估計它們的旋轉量。

2.在下圖中，要將有塗色的圖形疊合在沒有塗色的圖形上面，問所需旋轉的角度為若干？是否每一小題只有一個答案？（考慮順時針旋轉與逆時針旋轉！）

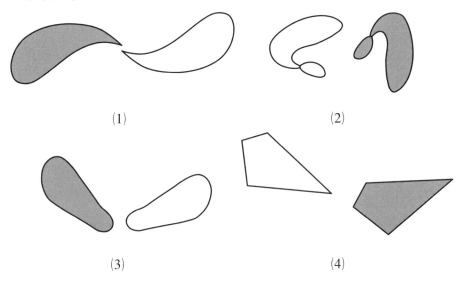

(1)　　　　　　　　　　　　　　(2)

(3)　　　　　　　　　　　　　　(4)

3.在下列各題，已知時鐘所走的時間，求分針的旋轉角度：

⑴ 3 小時

⑵ $\frac{1}{2}$ 小時

⑶ 15 分鐘

⑷ 20 分鐘

⑸ 45 分鐘

⑹ 6 分鐘

4.在下列各題中，問時鐘走了多少時間？

⑴時針旋轉了 $\frac{1}{4}$ 圈。

⑵分針旋轉了 2 圈。

⑶秒針旋轉了 $\frac{2}{3}$ 圈。

5.某種旋轉飛輪，一分鐘旋轉 45 圈，在下列各題中，求旋轉角度：

(1)旋轉 20 秒 　　　　　　　 (2)旋轉 12 秒

(3)旋轉 4 秒 　　　　　　　　 (4)旋轉 1 秒

6.腳踏車向前走了 3 公尺，問你要如何求車輪旋轉的角度？車輪半徑的
　大小跟答案有關嗎？

7.足球比賽時，某「選腳」從獲得一球開始，經運球、而把球傳出去為
　止的路線如下圖，試估計此選腳在 A, B, C, D, E 各點的旋轉角度，
　並示明是順時針或逆時針。

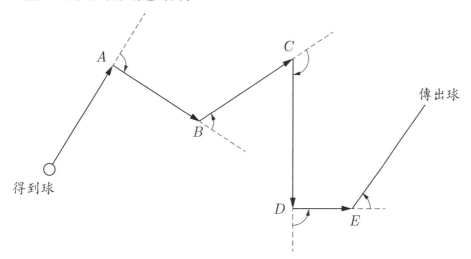

8.畫一張從你家到學校的折線圖，標出每一變更方向的地點，並估計旋
　轉角度。

9.一探照燈，左右的旋轉量為 24°，照明範圍為 60 公尺，即半徑為 60 公
　尺，試求此探照燈最大可照明的面積。

10.化度為弧度，弧度為度：

(1) 30°, 45°, 120°, 420°, −660°

(2) $\dfrac{\pi}{12}$, $\dfrac{\pi}{5}$, $\dfrac{5}{6}\pi$, $\dfrac{5}{4}\pi$, $\dfrac{7}{2}\pi$, $-\dfrac{\pi}{3}$

11.半徑為 6 公分，圓心角為 $\dfrac{2}{3}\pi$ 之扇形，求弧長及面積。

12.半徑為 4 公分之圓，求弧長為 3π 公分所對應的圓心角之角度。

6–3　一般角的三角函數

　　我們介紹過銳角的三角函數；所謂銳角是指角度在 0° 與 90° 以內的角；可是我們已經推廣了角度的概念，角度可以是任意實數，那麼對於任意角度也應該可以定義三角函數。

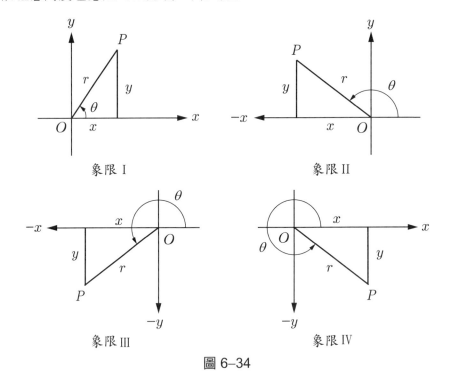

象限 I　　　　　　　象限 II

象限 III　　　　　　象限 IV

圖 6–34

　　下面我們就要來介紹一般角的三角函數。今考慮一個位於標準位置的一般角 θ，此角可以是圖 6–34 四個象限角中之任何一個。我們在終邊上，任取一點 P，令其坐標為 (x, y)。由 P 點作一線段垂直 x 軸，則我

們就得到一個直角三角形。以 r 表示直角三角形的斜邊，即 r 為原點 O 至 P 點的距離，恆視為**正數**，而直角三角形的兩股就**可正可負**，端視 x, y 的正負而定。例如對於第一象限而言，x, y 均為正；但是在第三象限角，x, y 均為負。注意，對於任何象限角，我們都可以取得到 P 點，但是所作出的直角三角形有可能是屬於退化的情形。例如當終邊跟坐標軸重合時就是，這時作出的直角三角形，勾股之中有一邊的長度為 0，另一邊的長度與弦長 r 相等，但可能異號。

　　任意介乎 0 到 2π 之間的角度 θ，可決定 x, y 與 r 三個數，利用此三數我們可以作六個不同的比值（相當於銳角三角函數的六個比值），由此可定義出角 θ 的**正弦、餘弦、正切、餘切、正割、餘割**如下：

$$\begin{cases} \sin\theta = \dfrac{y}{r}, \\[2mm] \cos\theta = \dfrac{x}{r}, \\[2mm] \tan\theta = \dfrac{y}{x}, \end{cases} \qquad \begin{cases} \csc\theta = \dfrac{r}{y} \\[2mm] \sec\theta = \dfrac{r}{x} \\[2mm] \cot\theta = \dfrac{x}{y} \end{cases}$$

它們就是角 θ 的**六個三角函數**。注意，上面的定義要在比值有意義的情形（即分母不為 0 時）才行得通，否則視為 $\pm\infty$。

　　上面六個三角函數的定義，由於相似形的道理，只跟角 θ 的大小有關，而跟終邊上 P 點的選取無關；同時當 θ 是銳角時，跟我們從前學過的三角函數的意思完全一致。所以這是個恰當的推廣！

　　由上述定義我們知道，位於標準位置的一個角（可為任意實數），其三角函數值完全由**終邊**所決定，也就是說具有相同終邊的角（即同界角），其三角函數值都相同！在各同界角中，只有一個角介乎 0 到 2π 之間，這個角叫做**主要角**。任意一個角的三角函數可化為其主要角的三角函數。所以只要知道 0 到 2π 之間的角之三角函數值，就可以掌握任意角之三角函數。

　　總之，對任意一個角度 θ，$-\infty < \theta < \infty$，對應有 $\sin\theta$, $\cos\theta$, $\tan\theta$, $\cot\theta$, $\sec\theta$, $\csc\theta$。我們就把關係式 $y = \sin\theta$, $y = \cos\theta$, $\cdots$ 稱為**正弦函數、餘弦函數，** $\cdots\cdots$。

　　這樣定義出來的一般角的三角函數，有什麼用？最大的用途是描寫許多**週期運動**現象。此地我們先舉一個例子：

例1　（等速率圓周運動）

　　一個質點在單位圓上以角速度 ω（即每秒旋轉 ω 弧度）且逆時針方向作運動，假設時刻 $t = 0$ 時的角度為 θ_0，則此質點的運動可描述如下：

$$t \longrightarrow (\cos(\omega t + \theta_0),\ \sin(\omega t + \theta_0))$$

換言之，我們可以用**參數函數**來描寫此運動，t 叫做**參數**：

$$\begin{cases} x = x(t) = \cos(\omega t + \theta_0) \\ y = y(t) = \sin(\omega t + \theta_0) \end{cases},\ t \in \mathbb{R}$$

它們分別是描述著質點在 x 軸及 y 軸上的投影的左右擺動（或上下起伏），稱為**單頻運動** (simple harmonic motion)。

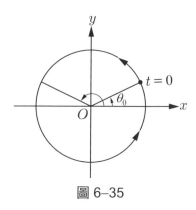

圖 6-35

例2 已知角 θ 終邊上一點 P 的坐標是 $(-3, -5)$，試求 θ 的六個三角函數值。

解 點 $P = (-3, -5)$ 落在第三象限內，故 θ 為第三象限角，見下圖 6–36，由商高定理得

$$r^2 = (-3)^2 + (-5)^2 = 34$$

$$\therefore r = \sqrt{34} \ (\because r > 0)$$

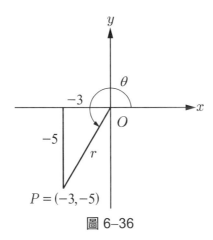

圖 6–36

因此 θ 的六個三角函數如下：

$$\sin \theta = \frac{-5}{\sqrt{34}} = \frac{-5\sqrt{34}}{34}$$

$$\cos \theta = \frac{-3}{\sqrt{34}} = \frac{-3\sqrt{34}}{34}$$

$$\tan \theta = \frac{-5}{-3} = \frac{5}{3}$$

$$\cot \theta = \frac{-3}{-5} = \frac{3}{5}$$

$$\sec \theta = \frac{\sqrt{34}}{-3} = \frac{-\sqrt{34}}{3}$$

$$\csc \theta = \frac{\sqrt{34}}{-5} = \frac{-\sqrt{34}}{5}$$

例 3 求 210° 的六個三角函數值。

解 在終邊上取一點 P，作 $\overline{PM} \perp x$ 軸，且 $\overline{PM} = 1$，則我們得到 $\triangle OPM$ 為一個 30°-60°-90° 的直角三角形，見下圖 6–37。

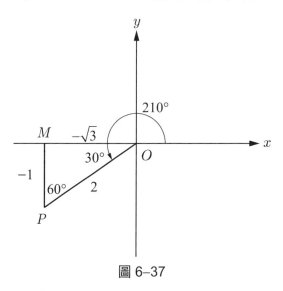

圖 6–37

因此 $\overline{MP} = \dfrac{1}{2}\overline{OP}$，$\therefore \overline{OP} = 2$。

又由畢氏定理得 $\overline{OM} = \sqrt{3}$，故 P 點的坐標為 $(-\sqrt{3}, -1)$，所以

$$\sin 210° = \frac{-1}{2} = -\frac{1}{2}, \qquad \csc 210° = \frac{2}{-1} = -2$$

$$\cos 210° = \frac{-\sqrt{3}}{2} = -\frac{\sqrt{3}}{2}, \qquad \sec 210° = \frac{2}{-\sqrt{3}} = -\frac{2}{\sqrt{3}}$$

$$\tan 210° = \frac{-1}{-\sqrt{3}} = \frac{1}{\sqrt{3}}, \qquad \cot 210° = \frac{\sqrt{3}}{1} = \sqrt{3}$$

例 4　已知 $\tan\theta = \dfrac{3}{2}$，試求 $\dfrac{\sin\theta + \cos\theta}{1 + \sec\theta}$ 的值。

解　由 $\tan\theta = \dfrac{3}{2}$ 知，θ 必在第一象限或第三象限（何故？）

(1)若 θ 為第一象限角，如圖 6–38 (a)，則

$$\sin\theta = \frac{3}{\sqrt{13}},\ \cos\theta = \frac{2}{\sqrt{13}},\ \sec\theta = \frac{\sqrt{13}}{2}$$

所以

$$\frac{\sin\theta + \cos\theta}{1 + \sec\theta} = \frac{\dfrac{3}{\sqrt{13}} + \dfrac{2}{\sqrt{13}}}{1 + \dfrac{\sqrt{13}}{2}} = \frac{10}{13 + 2\sqrt{13}}$$

(2)當 θ 為第三象限角時，如圖 6–38 (b)，則

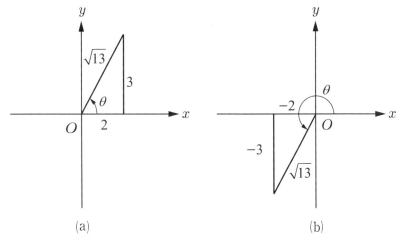

(a)　　　　　　(b)

圖 6–38

$$\sin\theta = \frac{-3}{\sqrt{13}},\ \cos\theta = \frac{-2}{\sqrt{13}},\ \sec\theta = -\frac{\sqrt{13}}{2}$$

$$\therefore \frac{\sin\theta + \cos\theta}{1 + \sec\theta} = \frac{\dfrac{-3}{\sqrt{13}} + \dfrac{(-2)}{\sqrt{13}}}{1 - \dfrac{\sqrt{13}}{2}} = \frac{10}{13 - 2\sqrt{13}}$$

習 題 6-3

1. 設 θ 為一標準位置角，並且此角的終邊通過下列的點，試求 θ 的六個三角函數值：

(1) $(3, 4)$ (2) $(5, 2)$

(3) $(-4, -1)$ (4) $(7, 5)$

(5) $(3, -3)$ (6) $(6, 0)$

2. 在下列各題中，求 θ 之六個三角函數值：

(1) 已知 $\sin\theta = \dfrac{2}{3}$，並且 θ 為第一象限角。

(2) 已知 $\tan\theta = \dfrac{3}{11}$，並且 θ 為第一象限角。

(3) 已知 $\cot\theta = \dfrac{2}{3}$，並且 $\sin\theta$ 為正。

(4) 已知 $\cos\theta = -\dfrac{4}{5}$，並且 $\sin\theta$ 為正。

3. 在下列各題中，已知 θ 為第一或第二象限角，試求各式的值：

(1) 若 $\sin\theta = \dfrac{3}{11}$，求 $\dfrac{\cos\theta + \sin\theta\sec\theta}{\sec^2\theta}$。

(2) 若 $\csc\theta = \dfrac{18}{5}$，求 $\dfrac{\cos\theta\sec\theta}{\tan\theta\cot\theta} + \dfrac{\sin\theta}{1 - \cos^2\theta}$。

4. 在下列各題中，已知 θ 為第四象限角，試求各式的值：

(1) 若 $\csc\theta = -3$，求 $\dfrac{1 + \sin\theta}{1 - \sin\theta} - \dfrac{1 - \sin\theta}{1 + \sin\theta}$。

(2) 若 $\cos\theta = \dfrac{6}{7}$，求 $\dfrac{5}{\sin^2\theta} + \dfrac{7}{\cos^2\theta} - \dfrac{2}{\tan^2\theta}$。

6–4 一般角化約成銳角及三角函數表

甲、同界角的三角函數值都相等

我們說過，同界角的三角函數值都相同。例如在下圖 6–39 中，θ, $360° + \theta$, $\theta - 360°$ 都是同界角。

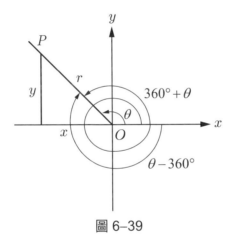

圖 6–39

因此

$$\sin\theta = \frac{y}{r},\ \sin(360° + \theta) = \frac{y}{r},\ \sin(\theta - 360°) = \frac{y}{r}$$
$$\cos\theta = \frac{x}{r},\ \cos(360° + \theta) = \frac{x}{r},\ \cos(\theta - 360°) = \frac{x}{r}$$

等等。在所有同界角中，只有一個角介乎 $0°$ 到 $360°$ 之間，叫做**主要角**。
一個任意角的三角函數都可化為其主要角的三角函數，例如：

$$\cos 855° = \cos(855° - 720°) = \cos 135°$$
$$\tan(-120°) = \tan(-120° + 360°) = \tan 240°$$
$$\sin(\theta \pm n \cdot 360°) = \sin\theta,\ 其中\ 0° \leq \theta < 360°,\ n \in \mathbb{Z}$$

$$\sin(2n\pi + \theta) = \sin\theta$$
$$\cos(2n\pi + \theta) = \cos\theta$$
$$\tan(2n\pi + \theta) = \tan\theta$$
$$\cot(2n\pi + \theta) = \cot\theta$$
$$\sec(2n\pi + \theta) = \sec\theta$$
$$\csc(2n\pi + \theta) = \csc\theta$$

所以只要知道 $0°$ 到 $360°$ 之間的角之三角函數值，就可以掌握任意角的三角函數。以下我們還要再陸續作精簡的工作，最後可以將任意角的三角函數化為第一象限角的三角函數，因此只要知道 $0°$ 到 $90°$ 之間的角之三角函數值，就可以掌握任意角的三角函數。這是編製三角函數表所根據的基礎。

　　一般的三角函數表只列著 $0°\sim90°$ 之間的三角函數值，因為一般角的三角函數，可透過下面的規則，用 $0°\sim90°$ 間之三角函數值表示出來的緣故。為此，我們必須研究如下的問題：如果 $\psi = -\theta$，或 $\psi = 90°\pm\theta$，或 $\psi = 180°\pm\theta$，則 θ 與 ψ 的三角函數值之間有何關係？只要解決這個問題，則化一般角函數為銳角函數的問題，就可輕易的解決了。

乙、餘角規則

　　若 $\psi = 90°-\theta$，那麼 θ 與 ψ 的三角函數值之間有這樣的關係：把 sin, cos 互換；tan, cot 互換；sec, csc 互換，亦即是

$$\sin(90° - \theta) = \cos \theta$$
$$\cos(90° - \theta) = \sin \theta$$
$$\tan(90° - \theta) = \cot \theta$$
$$\cot(90° - \theta) = \tan \theta$$
$$\sec(90° - \theta) = \csc \theta$$
$$\csc(90° - \theta) = \sec \theta$$

（註：若 $0° < \theta < 90°$，則 θ 與 $90° - \theta$ 互稱**餘角**。）

餘角規則的證明其實很簡單。在 θ 所定的直角三角形中，若對邊是 y，鄰邊是 x，那麼將角度改為 $\psi = 90° - \theta$，只不過是把 x 跟 y 對調（見圖 6–40），因此

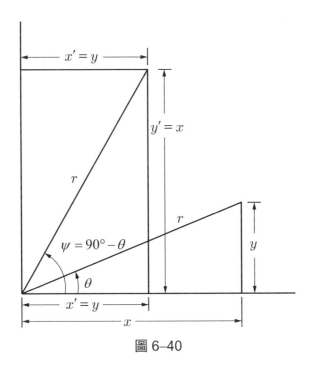

圖 6–40

$$\sin \psi = \frac{y'}{r} = \frac{x}{r} = \cos \theta$$

$$\cos \psi = \frac{x'}{r} = \frac{y}{r} = \sin \theta$$

$$\tan \psi = \frac{y'}{x'} = \frac{x}{y} = \cot \theta$$

$$\cot \psi = \frac{x'}{y'} = \frac{y}{x} = \tan \theta$$

$$\sec \psi = \frac{r}{x'} = \frac{r}{y} = \csc \theta$$

$$\csc \psi = \frac{r}{y'} = \frac{r}{x} = \sec \theta$$

在圖 6–41 中，點 $P'(y, x)$ 與點 $P(x, y)$ 對於傾斜 45° 角的直線恰好是鏡影（對稱）！

從 45° 加上 $(45° - \theta)$ 得 $90° - \theta$，從 45° 減去 $(45° - \theta)$ 得 θ，因此 θ 與 $\psi = 90° - \theta$ 的終邊，互相是「鏡影」（針對 45° 角的直線）。所以 x, y 相交換就把 θ 與 ψ 互換了！

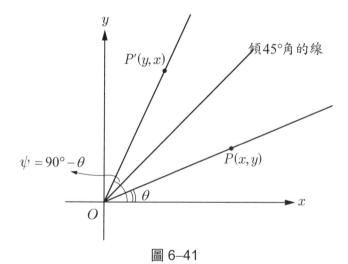

圖 6–41

例 1　　$\sin 80° = \sin(90° - 10°) = \cos 10°$

　　　　　$\cos 18° = \cos(90° - 72°) = \sin 72°$

　　　　　$\tan 46° = \tan(90° - 44°) = \cot 44°$　　　　　　　　　■

隨堂練習　試證明

$$
\begin{aligned}
\sin(\frac{\pi}{2} + \theta) &= \cos \theta \\
\cos(\frac{\pi}{2} + \theta) &= -\sin \theta \\
\tan(\frac{\pi}{2} + \theta) &= -\cot \theta
\end{aligned}
$$

丙、負角規則

　　把 θ 改為 $-\theta$ 時，$\cos$（與 $\sec$）不變號，其他的函數（$\sin$, $\csc$, $\tan$, $\cot$）均變號，即

$$
\begin{aligned}
\sin(-\theta) &= -\sin \theta \\
\cos(-\theta) &= \cos \theta \\
\tan(-\theta) &= -\tan \theta \\
\cot(-\theta) &= -\cot \theta \\
\sec(-\theta) &= \sec \theta \\
\csc(-\theta) &= -\csc \theta
\end{aligned}
$$

證明　拿一個 P 對 x 軸作個「鏡影」看看！這就把 y 變成 $-y$，但 x 不變，也就是說令 $x' = x$，$y' = -y$，這個新的點 $P' = (x', y')$，把 $\overline{PO}$ 與 $\overline{P'O}$ 連起來，跟 x 軸所夾的角恰好是差個符號。

$$\cos(-\theta) = \frac{x'}{r} = \frac{x}{r} = \cos\theta$$

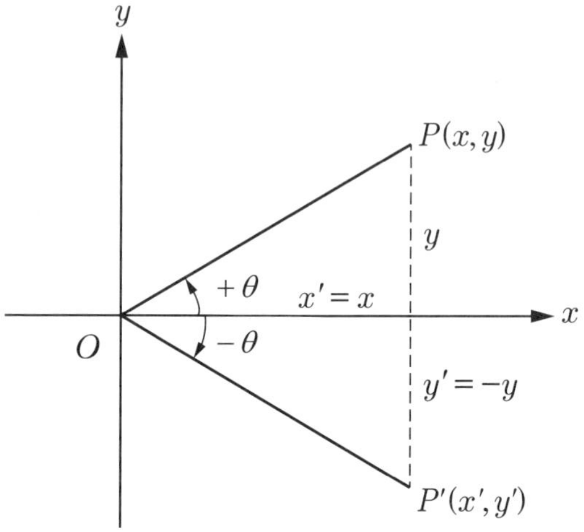

圖 6–42

$$\sin(-\theta) = \frac{y'}{r} = -\frac{y}{r} = -\sin\theta \quad 等等。$$

丁、補角規則

$$\begin{array}{l}
\sin(\pi - \theta) = \sin\theta \\
\cos(\pi - \theta) = -\cos\theta \\
\tan(\pi - \theta) = -\tan\theta \\
\cot(\pi - \theta) = -\cot\theta \\
\sec(\pi - \theta) = -\sec\theta \\
\csc(\pi - \theta) = \csc\theta
\end{array}$$

證明 如圖 6–43，$P = (x, y)$, $P' = (x', y')$，其中 $x' \equiv -x$, $y \equiv y'$。若考慮對應的標準角，一個是 θ，一個就是 $\pi - \theta$，

所以

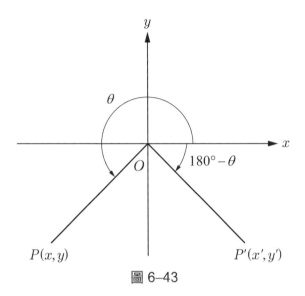

圖 6–43

$$\sin(\pi - \theta) = \frac{y'}{r} = \frac{y}{r} = \sin\theta$$

$$\cos(\pi - \theta) = \frac{x'}{r} = -\frac{x}{r} = -\cos\theta$$

$$\tan(\pi - \theta) = \frac{y'}{x'} = -\frac{y}{x} = -\tan\theta \quad 等等。$$

綜合以上的規則，就可以計算下面形式的三角函數值了：

$$f(\frac{\pi}{2} \text{ 的整數倍} \pm \theta)$$

（f 代表 sin, cos, tan 等）

事實上，由餘角規則及補角規則，我們可以算出 $\frac{\pi}{2} + \theta$ 之函數值：因為

$$\frac{\pi}{2} + \theta = \pi - (\frac{\pi}{2} - \theta)$$

（即 θ 之餘角的補角），因此

$$\sin(\frac{\pi}{2}+\theta)=\sin[\pi-(\frac{\pi}{2}-\theta)]=\sin(\frac{\pi}{2}-\theta)$$

$$=\cos\theta$$

$$\cos(\frac{\pi}{2}+\theta)=\cos[\pi-(\frac{\pi}{2}-\theta)]=-\cos(\frac{\pi}{2}-\theta)$$

$$=-\sin\theta$$

$$\tan(\frac{\pi}{2}+\theta)=\tan[\pi-(\frac{\pi}{2}-\theta)]=-\tan(\frac{\pi}{2}-\theta)$$

$$=-\cot\theta$$

把剛剛這規則再應用一次，就得到 $\pi+\theta$ 的函數值：

$$\sin(\pi+\theta)=\sin[\frac{\pi}{2}+(\frac{\pi}{2}+\theta)]=\cos(\frac{\pi}{2}+\theta)$$

$$=-\sin\theta$$

$$\cos(\pi+\theta)=\cos[\frac{\pi}{2}+(\frac{\pi}{2}+\theta)]=-\sin(\frac{\pi}{2}+\theta)$$

$$=-\cos\theta$$

$$\tan(\pi+\theta)=\tan[\frac{\pi}{2}+(\frac{\pi}{2}+\theta)]=-\cot(\frac{\pi}{2}+\theta)$$

$$=\tan\theta$$

亦即

$$\sin(\pi+\theta)=-\sin\theta$$
$$\cos(\pi+\theta)=-\cos\theta$$
$$\tan(\pi+\theta)=\tan\theta$$

例 2 化下列三角函數為銳角三角函數：

(1) $\sin \dfrac{16}{3}\pi$　(2) $\cos 470°$　(3) $\tan(-\dfrac{23}{4}\pi)$

解 (1) $\sin \dfrac{16}{3}\pi = \sin(5\pi + \dfrac{\pi}{3}) = \sin(\pi + \dfrac{\pi}{3})$

$$= -\sin \dfrac{\pi}{3} = -\dfrac{\sqrt{3}}{2}$$

(2) $\cos 470° = \cos(360° + 110°) = \cos 110°$

$$= \cos(90° + 20°) = -\sin 20°$$

(3) $\tan(-\dfrac{23}{4}\pi) = -\tan \dfrac{23}{4}\pi = -\tan(5\pi + \dfrac{3}{4}\pi)$

$$= -\tan \dfrac{3}{4}\pi = -\tan(\pi - \dfrac{\pi}{4})$$

$$= \tan \dfrac{\pi}{4} = 1$$

戊、三角函數表

要利用三角函數表，我們必須懂得它的內容。首先我們要了解：有的表用弧度制，有的用 360° 制。如果你要查的角度不是表上的制度，就只好先作如下的換算：

$$1\ (弧度) \approx 57°17'45'' = 57.2958°$$

$$1° \approx 0.017453\ (弧度)$$

本書一律用 360° 制。

把 sin 與 cos，把 tan 與 cot，把 sec 與 csc 列在同一張表上，角度一欄，左邊從 0° 增加到 90°，右邊卻從 90° 減少到 0°，sin 看左邊，cos 看右邊等等。例如：

sin		cos
30°	0.5000	60°
45°	0.7071	45°
60°	0.8660	30°

這就是三角函數表！ $\sin 60° \approx 0.8660 \approx \cos 30°$。

　　本書末我們將 sin, cos 均分別列出，其實這是不必要的重複！ 但是 cot 不列出，只列了 tan，因此要查 $\cot 23°$，只要查 $\tan 67°$（得 2.3559）就好了。

　　目前電算器非常普及，利用電算器求三角函數值，比查表還方便。

（註：三角函數表上所列的值幾乎都是近似值。）

例 3　　$\tan 117° = \tan(180° - 63°) = -\tan 63° = -1.9626$

　　　　　$\sin 129° = \sin(180° - 51°) = \sin 51° = 0.7771$

　　　　　$\cos 129° = \cos(180° - 51°) = -\cos 51° = -0.6293$　　　　■

隨堂練習　　求 144° 的六個三角函數值。

例 4　　$\sin 234° = ?$

　　　　　$234° = \pi + 54°$，因此

　　　　　$\sin 234° = -\sin 54° = -0.8090$

　　　　　$\cos 234° = -\cos 54° = -0.5878$

　　　　　$\tan 234° = \tan 54° = 1.3764$　　　　■

隨堂練習　　(1) $\cot 256° = ?$　　　　　　(2) $\sec 214° = ?$

習　題　6–4

1.將下列各角的 sin, cos, tan 化成銳角三角函數：

(1) $\dfrac{11}{4}\pi$　　　　　　(2) $-\dfrac{23}{6}\pi$　　　　　　(3) $540°$

2.將下列各三角函數化成銳角三角函數：

(1) $\sin(-660°)$　　　　　　　　(2) $\tan(-150°)$

(3) $\sin 120°$　　　　　　　　　(4) $\sin 1200°$

(5) $\cos 300°$　　　　　　　　　(6) $\cot 200°$

(7) $\sin(3600° + \theta)$　　　　　　(8) $\cos 350°$

(9) $\cos(1080° - \theta)$　　　　　　(10) $\sin(-720° + \theta)$

3.試證明：

$$\sin(\frac{3}{2}\pi + \theta) = -\cos\theta$$

$$\cos(\frac{3}{2}\pi + \theta) = \sin\theta$$

$$\tan(\frac{3}{2}\pi + \theta) = -\cot\theta$$

$$\sin(\frac{3}{2}\pi - \theta) = -\cos\theta$$

$$\cos(\frac{3}{2}\pi - \theta) = -\sin\theta$$

$$\tan(\frac{3}{2}\pi - \theta) = \cot\theta$$

4.查三角函數表，求下列各式的值：

(1) $\sin 507°$　　　　　(2) $\cos(-383°)$　　　　　(3) $\tan 108°$

(4) $\cot 465°$　　　　　(5) $\sec(-365°)$　　　　　(6) $\csc 123°$

6-5　三角函數的基本性質

甲、倒逆與商數關係

在三角函數中，有如下的互為倒數的關係，即：

$$\left.\begin{array}{l}\sin\theta=\dfrac{y}{r}\\[2mm]\csc\theta=\dfrac{r}{y}\end{array}\right\}互為倒數 \qquad \left.\begin{array}{l}\cos\theta=\dfrac{x}{r}\\[2mm]\sec\theta=\dfrac{r}{x}\end{array}\right\}互為倒數$$

$$\left.\begin{array}{l}\tan\theta=\dfrac{y}{x}\\[2mm]\cot\theta=\dfrac{x}{y}\end{array}\right\}互為倒數$$

因此我們有下面的關係式：

$$\left.\begin{array}{ll}\sin\theta=\dfrac{1}{\csc\theta}, & \csc\theta=\dfrac{1}{\sin\theta}\\[2mm]\cos\theta=\dfrac{1}{\sec\theta}, & \sec\theta=\dfrac{1}{\cos\theta}\\[2mm]\tan\theta=\dfrac{1}{\cot\theta}, & \cot\theta=\dfrac{1}{\tan\theta}\end{array}\right\} \qquad (1)$$

或是寫成

$$\sin\theta\cdot\csc\theta=1,\ \cos\theta\cdot\sec\theta=1,\ \tan\theta\cdot\cot\theta=1$$

其次由 $\tan\theta$ 的定義，我們也可以得到兩個很重要的關係式：
因為

$$\tan\theta=\frac{y}{x}=\frac{\dfrac{y}{r}}{\dfrac{x}{r}}=\frac{\sin\theta}{\cos\theta}$$

故得

$$\tan \theta = \frac{\sin \theta}{\cos \theta} \tag{2}$$

又因 $\cot \theta$ 為 $\tan \theta$ 的倒數，故有

$$\cot \theta = \frac{1}{\tan \theta} = \frac{1}{\dfrac{\sin \theta}{\cos \theta}} = \frac{\cos \theta}{\sin \theta} \tag{3}$$

以上(1), (2), (3)式，以後我們常常會用到。

乙、三角函數值的正負號

根據三角函數的定義，我們很容易確定一個角的三角函數值是正或是負。例如，若 θ 為一個第二象限角，則 $\cos \theta = \dfrac{x}{r}$ 為負，因為 r 恆為正，而第二象限的橫坐標 x 為負。同理，我們也易驗證其他象限角的三角函數值之正負號。今綜合如下表：

	第一象限	第二象限	第三象限	第四象限
$\sin \theta = \dfrac{y}{r}$	+	+	−	−
$\cos \theta = \dfrac{x}{r}$	+	−	−	+
$\tan \theta = \dfrac{y}{x}$	+	−	+	−
$\cot \theta = \dfrac{x}{y}$	+	−	+	−
$\sec \theta = \dfrac{r}{x}$	+	−	−	+
$\csc \theta = \dfrac{r}{y}$	+	+	−	−

利用倒逆關係，sin 與 csc，或 cos 與 sec，或 tan 與 cot 是同一符號的，故只要記「主要函數」sin, cos 及 tan 就好了。

今綜合成一個圖就是（沒列出者均為負）：

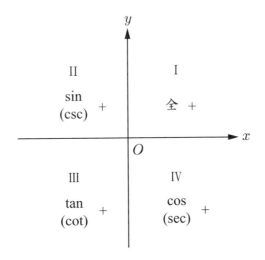

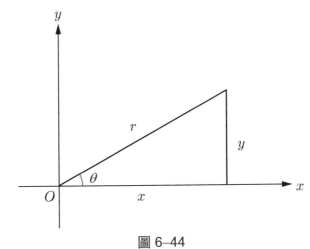

圖 6-44

對於標準位置的角，如圖 6-44 有

$$x^2 + y^2 = r^2 \tag{4}$$

於是有

定 理

（平方關係）

對於任意 θ，我們恆有：

$$\sin^2\theta + \cos^2\theta = 1, \ 1 + \tan^2\theta = \sec^2\theta, \ 1 + \cot^2\theta = \csc^2\theta \qquad (5)$$

（註：$\sin^2\theta = (\sin\theta)^2$。）

證明 (1)將(4)式除以 r^2，則得

$$(\frac{x}{r})^2 + (\frac{y}{r})^2 = 1, \ 此即 \cos^2\theta + \sin^2\theta = 1。$$

(2)將(4)式除以 x^2，則得

$$1 + (\frac{y}{x})^2 = (\frac{r}{x})^2, \ 此即 1 + \tan^2\theta = \sec^2\theta。$$

(3)將(4)式除以 y^2，則得

$$(\frac{x}{y})^2 + 1 = (\frac{r}{y})^2, \ 此即 \cot^2\theta + 1 = \csc^2\theta。 \quad \blacksquare$$

推 論

$$\cos\theta = \pm\sqrt{1 - \sin^2\theta}, \qquad \sin\theta = \pm\sqrt{1 - \cos^2\theta}$$
$$\sec\theta = \pm\sqrt{1 + \tan^2\theta}, \qquad \tan\theta = \pm\sqrt{\sec^2\theta - 1}$$
$$\csc\theta = \pm\sqrt{1 + \cot^2\theta}, \qquad \cot\theta = \pm\sqrt{\csc^2\theta - 1}$$

（註：$\sin\theta = \pm\sqrt{1 - \cos^2\theta}$ 的正負號，視 $\sin\theta$ 的正負而定。當 $\sin\theta$ 為正時，則 $\sin\theta = \sqrt{1 - \cos^2\theta}$；當 $\sin\theta$ 為負時，則 $\sin\theta = -\sqrt{1 - \cos^2\theta}$。其他情形依此類推。）

以上恆等式，也可以用下面的記憶六角形表現出來。

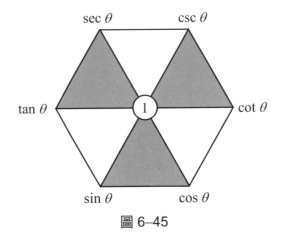

圖 6–45

(1)中心是 1，通過的直線兩端互成倒數。

(2)相鄰三個頂點有商數關係，依照順時針方向依次為分母、分子、
商。如：

$$\frac{\sin\theta}{\cos\theta} = \tan\theta$$

(3)上圖 6–45 正立著之三角形的三頂點有平方關係。如：

$$\tan^2\theta + 1 = \sec^2\theta$$

這六角形怎麼記？右半是「餘族」，左半是「正族」，下面是正餘弦，
中間是正餘切，上面是正餘割。

丙、函數值的範圍

由於 $r = \sqrt{x^2 + y^2} \geq |x|$ 及 $|y|$，所以：

(1)$|\sin\theta|$，$|\cos\theta|$，絕不大於 1，即 $|\sin\theta| \leq 1$，$|\cos\theta| \leq 1$。

(2)$|\sec\theta|$，$|\csc\theta|$，絕不小於 1，即 $|\sec\theta| \geq 1$，$|\csc\theta| \geq 1$。

(3)至於 $\tan\theta$ 跟 $\cot\theta$ 沒什麼限制。

例 1 化簡 $\dfrac{\tan^2\theta + 1}{1 + \cot^2\theta}$。

解 原式 $= \dfrac{\tan^2\theta + 1}{1 + \cot^2\theta} = \dfrac{\tan^2\theta + 1}{1 + \dfrac{1}{\tan^2\theta}} = \dfrac{\tan^2\theta + 1}{\dfrac{\tan^2\theta + 1}{\tan^2\theta}}$

$\qquad = \dfrac{\tan^2\theta + 1}{1} \cdot \dfrac{\tan^2\theta}{\tan^2\theta + 1} = \tan^2\theta$

另解 原式 $= \dfrac{\tan^2\theta + 1}{1 + \cot^2\theta} = \dfrac{\sec^2\theta}{\csc^2\theta} = \dfrac{\dfrac{1}{\cos^2\theta}}{\dfrac{1}{\sin^2\theta}}$

$\qquad = \dfrac{\sin^2\theta}{\cos^2\theta} = \tan^2\theta$ ■

例 2 已知 $\cos\theta = -\dfrac{3}{5}$，並且 θ 為第二象限角，試用三角恆等式，決定其他三角函數值。

解 (1) $\sin^2\theta = 1 - \cos^2\theta = 1 - (-\dfrac{3}{5})^2 = 1 - \dfrac{9}{25} = \dfrac{16}{25}$

$\qquad$ 因 θ 為第二象限角，故 $\sin\theta$ 為正，因此 $\sin\theta = \dfrac{4}{5}$

$\quad$ (2) $\tan\theta = \dfrac{\sin\theta}{\cos\theta} = \dfrac{\dfrac{4}{5}}{-\dfrac{3}{5}} = -\dfrac{4}{3}$

$\quad$ (3) $\cot\theta = \dfrac{1}{\tan\theta} = \dfrac{1}{-\dfrac{4}{3}} = -\dfrac{3}{4}$

$\quad$ (4) $\sec\theta = \dfrac{1}{\cos\theta} = \dfrac{1}{-\dfrac{3}{5}} = -\dfrac{5}{3}$

$\quad$ (5) $\csc\theta = \dfrac{1}{\sin\theta} = \dfrac{1}{\dfrac{4}{5}} = \dfrac{5}{4}$ ■

⊙**隨堂練習** 設 $\sin\theta = \dfrac{3}{5}$，且 θ 為第二象限角，試用三角恆等式，決定其他三角函數值。

⊙**隨堂練習** 設 $\tan\theta = \dfrac{12}{5}$，且 θ 為第三象限角，試用三角恆等式，決定其他三角函數值。

⊙**例 3** 化簡 $\dfrac{1}{\sec\theta - \tan\theta} - \dfrac{1}{\sec\theta + \tan\theta}$。

⊙**解** 原式 $= \dfrac{\sec\theta + \tan\theta - \sec\theta + \tan\theta}{(\sec\theta - \tan\theta)(\sec\theta + \tan\theta)}$

$= \dfrac{2\tan\theta}{\sec^2\theta - \tan^2\theta} = \dfrac{2\tan\theta}{1} = 2\tan\theta$ ∎

⊙**例 4** 試證 $\dfrac{\sec^2\theta}{1 + \cot^2\theta} = \tan^2\theta$。

⊙**證明** 左式 $= \dfrac{\sec^2\theta}{1 + \cot^2\theta} = \dfrac{\sec^2\theta}{\csc^2\theta} = \dfrac{\dfrac{1}{\cos^2\theta}}{\dfrac{1}{\sin^2\theta}}$

$= \dfrac{\sin^2\theta}{\cos^2\theta} = \tan^2\theta = $ 右式 ∎

⊙**隨堂練習** 化簡下列各式：

(1) $\dfrac{\tan\theta - \tan\theta\sin^2\theta}{2\sin\theta\cos\theta}$　　(2) $\dfrac{\cos^3\theta + \sin^3\theta}{(\cos\theta + \sin\theta)^2}$

(3) $\dfrac{\cos^2\theta - 1}{\cos^2\theta\tan^2\theta}$　　(4) $\dfrac{\sin\theta}{1 - \cos\theta} + \dfrac{1 - \cos\theta}{\sin\theta}$

例 5 試證 $\dfrac{\sec\theta+1}{\tan\theta}=\dfrac{\tan\theta}{\sec\theta-1}$。

證明 右式 $=\dfrac{\tan\theta}{\sec\theta-1}=\dfrac{\tan\theta}{\sec\theta-1}\cdot\dfrac{\sec\theta+1}{\sec\theta+1}$

$\qquad\quad=\dfrac{\tan\theta(\sec\theta+1)}{\sec^2\theta-1}=\dfrac{\tan\theta(\sec\theta+1)}{\tan^2\theta}$

$\qquad\quad=\dfrac{\sec\theta+1}{\tan\theta}=$ 左式　　　　　　　　■

例 6 試證 $\cos^4\theta-\sin^4\theta=2\cos^2\theta-1$。

證明 左式 $=\cos^4\theta-\sin^4\theta$

$\qquad\quad=(\cos^2\theta+\sin^2\theta)(\cos^2\theta-\sin^2\theta)$

$\qquad\quad=(\cos^2\theta-\sin^2\theta)$

$\qquad\quad=\cos^2\theta-(1-\cos^2\theta)$

$\qquad\quad=2\cos^2\theta-1$

$\qquad\quad=$ 右式　　　　　　　　■

$$\boxed{\text{習 題 } 6\text{-}5}$$

1.試證下列各式：

(1) $\sin\theta\cot\theta+\cos\theta\tan^2\theta=\sec\theta$

(2) $(\sec\theta-\tan\theta)^2=\dfrac{1-\sin\theta}{1+\sin\theta}$

(3) $\dfrac{2-\sec^2\theta}{\sec^2\theta}=1-2\sin^2\theta$

(4) $\sin^4\theta+\cos^4\theta=1-2\sin^2\theta\cos^2\theta$

(5) $\dfrac{\cos^3\theta+\sin^3\theta}{\cos\theta-\cos^2\theta\sin\theta}=1+\tan\theta$

(6) $\dfrac{\sin A \cos B + \cos A \sin B}{\cos A \cos B - \sin A \sin B} = \dfrac{\tan A + \tan B}{1 - \tan A \tan B}$

(7) $\dfrac{\sin \theta}{1 + \cos \theta} + \dfrac{1 + \cos \theta}{\sin \theta} = \dfrac{2}{\sin \theta}$

(8) $\sin^4 \theta - \cos^4 \theta = 2\sin^2 \theta - 1$

2. 在下列各小題中，求 $\sin \theta$, $\cos \theta$, $\tan \theta$ 之值：

(1) 已知 θ 為第四象限角並且 $\cos \theta = \dfrac{1}{4}$。

(2) 已知 θ 為第三象限角並且 $\sin \theta = -\dfrac{7}{10}$。

(3) 已知 θ 為第二象限角並且 $\tan \theta = -2$。

6–6　三角函數的圖形

例 1　試作正弦函數 $y = \sin x$ 的圖形。

解　我們列出下表：

x	-2π	$-\dfrac{3}{2}\pi$	$-\pi$	$-\dfrac{\pi}{2}$	0	$\dfrac{\pi}{6}$	$\dfrac{\pi}{4}$	$\dfrac{\pi}{3}$	$\dfrac{\pi}{2}$	$\dfrac{2\pi}{3}$
y	0	1	0	-1	0	$\dfrac{1}{2}$	$\dfrac{\sqrt{2}}{2}$	$\dfrac{\sqrt{3}}{2}$	1	$\dfrac{\sqrt{3}}{2}$

x	$\dfrac{3\pi}{4}$	$\dfrac{5\pi}{6}$	π	$\dfrac{5\pi}{4}$	$\dfrac{3\pi}{2}$	$\dfrac{7\pi}{4}$	2π	$\dfrac{5\pi}{2}$	3π	$\dfrac{7\pi}{2}$	4π
y	$\dfrac{\sqrt{2}}{2}$	$\dfrac{1}{2}$	0	$-\dfrac{\sqrt{2}}{2}$	-1	$-\dfrac{\sqrt{2}}{2}$	0	1	0	-1	0

在坐標平面上把這些點描繪出來，用平滑曲線連接起來，就得到正弦函數的圖形，見圖 6–47。

另一個辦法，我們可以借助一個補助圖形來幫忙作出 $y = \sin x$ 的圖形。在直角坐標中，以原點 O 為圓心，單位長為半徑，作一個圓。

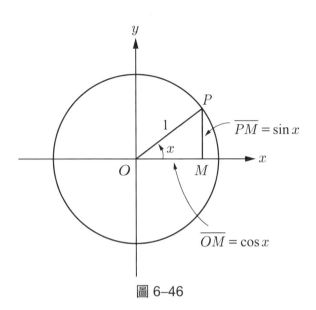

圖 6–46

根據正弦函數的定義及上圖 6–46，我們得知 P 點的縱坐標為 $\sin x$，也就是說 $\sin x = \overline{PM}$，想像 x 由 0 慢慢增加到 $\frac{\pi}{2}$ 時，則 $\sin x = \overline{PM}$ 由 0 增加到 1；x 由 $\frac{\pi}{2}$ 增加到 π 時，$\sin x = \overline{PM}$ 由 1 減至 0；x 由 π 增加到 $\frac{3\pi}{2}$ 時，$\sin x = \overline{PM}$ 由 0 漸減至 -1；x 由 $\frac{3\pi}{2}$ 增至 2π 時，$\sin x = \overline{PM}$ 由 -1 漸增至 0。如此周而復始。列表如下：

x	0		$\frac{\pi}{2}$		π		$\frac{3\pi}{2}$		2π
$\sin x$	0	↗	1	↘	0	↘	-1	↗	0

（註："↗"表示遞增，"↘"表示遞減。）

根據上述，我們作出 $y = \sin x$ 的圖形如下：

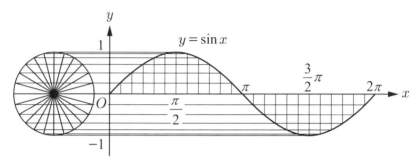

圖 6–47　正弦函數 $y = \sin x$ 的圖形

這是一個規則波浪形的圖形。波浪最高達到 $+1$，最低達到 -1。這個圖形向左右無限延伸，但都是周而復始的波動，因此我們只要作出 $y = \sin x$ 在 $[0, 2\pi]$ 上的圖形即可。2π 叫做正弦函數的週期，它具有這樣的性質：

$$\sin(2\pi + x) = \sin x, \ \forall x \in \mathbb{R}$$

例 2　試作餘弦函數 $y = \cos x$ 的圖形。

解　根據上例的圖 6–47 及餘弦函數的定義，知 P 點的橫坐標為 $\overline{OM} = \cos x$。現在讓我們想像：x 由 0 漸增至 $\dfrac{\pi}{2}$ 時，則由補助圖看出 $\overline{OM} = \cos x$，由 1 漸減至 0；x 由 $\dfrac{\pi}{2}$ 漸增至 π 時，則 $\overline{OM} = \cos x$，由 0 漸減至 -1；x 由 π 漸增至 $\dfrac{3\pi}{2}$ 時，則 $\overline{OM} = \cos x$ 由 -1 漸增至 0；x 由 $\dfrac{3\pi}{2}$ 漸增至 2π 時，則 $\overline{OM}$ 由 0 漸增至 1。

列表如下：

x	0		$\dfrac{\pi}{2}$		π		$\dfrac{3\pi}{2}$		2π
$\cos x$	1	$\searrow$	0	$\searrow$	-1	$\nearrow$	0	$\nearrow$	1

作圖如下：

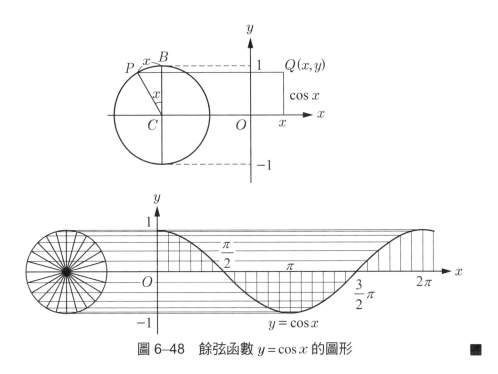

圖 6–48　餘弦函數 $y = \cos x$ 的圖形

例 3　試作正切函數 $y = \tan x$ 的圖形。

解　作下面單位圓的補助圖：

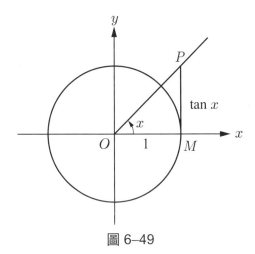

圖 6–49

由正切函數的定義及上圖 6–49，知

$$\tan x = \frac{\overline{PM}}{\overline{OM}} = \begin{cases} \overline{PM},\ 0 < x < \dfrac{\pi}{2},\ \pi < x < \dfrac{3}{2}\pi,\ \cdots \\[2mm] -\overline{PM},\ \dfrac{\pi}{2} < x < \pi,\ \dfrac{3}{2}\pi < x < 2\pi,\ \cdots \end{cases}$$

今在補助圖中，讓 x 由 0 漸增至 $\dfrac{\pi}{2}$，則 $\tan x = \overline{PM}$ 由 0 漸增至 ∞；當 x 由 $\dfrac{\pi}{2}$ 漸增至 π 時，$\tan x = -\overline{PM}$ 由 $-\infty$ 漸增至 0；當 x 由 π 漸增至 $\dfrac{3\pi}{2}$ 時，$\tan x = \overline{PM}$ 由 0 漸增至 ∞；當 x 由 $\dfrac{3\pi}{2}$ 漸增至 2π 時，$\tan x = -\overline{PM}$ 由 $-\infty$ 漸增至 0。

根據上述的觀察，我們作 $y = \tan x$ 的圖形如下：

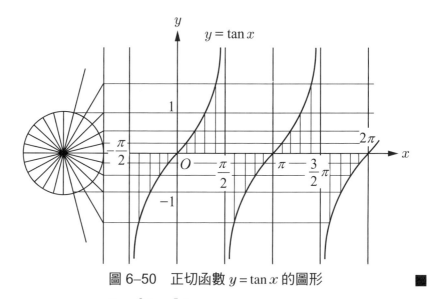

圖 6–50　正切函數 $y = \tan x$ 的圖形

（註：當 $x = \pm\dfrac{\pi}{2},\ \pm\dfrac{3\pi}{2},\ \pm\dfrac{5\pi}{2}$ 時，$\tan x$ 無定義。）

例4　試作餘切函數 $y = \cot x$，正割函數 $y = \sec x$，及餘割函數 $y = \csc x$ 的圖形。

解　因 為 $y = \cot x = \dfrac{1}{\tan x}$,　$y = \sec x = \dfrac{1}{\cos x}$,　$y = \csc x = \dfrac{1}{\sin x}$,　而 $y = \sin x$, $y = \cos x$, $y = \tan x$ 的圖形我們都會作了，只要取這些 圖形的倒數圖形，我們就可以作出 $y = \cot x$, $y = \sec x$, $y = \csc x$ 的圖形來。分別作圖如下：

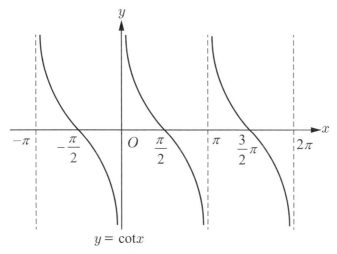

圖 6–51　餘切函數 $y = \cot x$ 的圖形

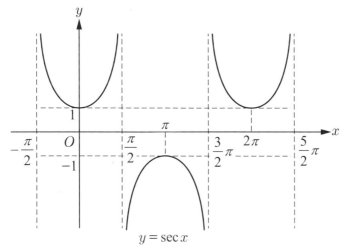

圖 6–52　正割函數 $y = \sec x$ 的圖形

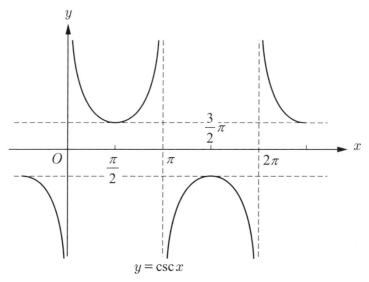

$$y = \csc x$$

圖 6–53　餘割函數 $y = \csc x$ 的圖形

　　上述六個三角函數的圖形，我們只作出一小部分而已，它們還可以不斷往左右延伸，不過只是不斷重複我們已作出的圖形而已。說得更明白一點，由三角函數的圖形得知，三角函數具有下列的性質：

(1) $\sin x$ 在 $0 \le x \le 2\pi,\ 2\pi \le x \le 4\pi,\ 4\pi \le x \le 6\pi,\ -2\pi \le x \le 0,$

　　$-4\pi \le x \le -2\pi,\ -6\pi \le x \le -4\pi,\ \cdots$ 上的圖形相同。

　　$\cos x$ 在 $0 \le x \le 2\pi,\ 2\pi \le x \le 4\pi,\ \cdots,\ -2\pi \le x \le 0,\ \cdots$ 上的圖形相同。

　　$\tan x$ 在 $-\dfrac{\pi}{2} < x < \dfrac{\pi}{2},\ \dfrac{\pi}{2} < x < \dfrac{3\pi}{2},\ \dfrac{3\pi}{2} < x < \dfrac{5\pi}{2},\ \cdots,$

　　$-\dfrac{3\pi}{2} < x < \dfrac{-\pi}{2},\ \cdots$ 上的圖形相同。

　　也就是說：$\sin x,\ \cos x,\ \tan x$ 的圖形都是以一定的形貌不斷循環，因此我們說 $\sin x,\ \cos x,\ \tan x$ 是**週期函數**，其中 2π 是 $\sin x$ 與 $\cos x$ 的**週期**，而 π 是 $\tan x$ 的週期。

⑵同理，$\cot x, \sec x, \csc x$ 也是週期函數，其中 π 是 $\cot x$ 的週期，2π 是 $\sec x$ 與 $\csc x$ 的週期。

⑶$|\sin x| \le 1, |\cos x| \le 1, |\sec x| \ge 1, |\csc x| \ge 1$。

(註：基本三角函數若取為 $\sin x$ 與 $\cos x$，則 $\tan x, \sec x, \cot x, \csc x$ 都只是「三角有理式」，並非「三角多項式」。$\tan x$ 與 $\sec x$ 在 $x = \dfrac{2n+1}{2}\pi$ 點，$n \in \mathbb{Z}$，即 x 等於 $\dfrac{\pi}{2}$ 的奇數倍時，沒有定義。$\cot x$ 與 $\csc x$ 在 $x = n\pi$ 點，$n \in \mathbb{Z}$，即 x 等於 π 的整數倍時，也沒有定義。)

下面讓我們再來作一些較複雜一點的三角函數的圖形，主要是作

$$y = a \sin[m(x + \phi)] \qquad\qquad (1)$$

的圖形。其中，$a > 0, m > 0$，事實上 $y = \cos x$ 的圖形是其特例，因為

$$\cos x = \sin(\frac{\pi}{2} + x)$$

故只要在⑴式中取 $a = 1, m = 1, \phi = \dfrac{\pi}{2}$，就得到 $y = \cos x$。

以下逐次考察常數 a, m 與 ϕ 對函數圖形的影響。因為⑴式仍然是一個週期函數（週期等於多少?），所以我們只須作出一週期的函數圖形就好了。

先考慮正常數 a 對圖形的影響。在下圖中，我們作出下面三個函數：

$$y = 3\sin x, \ y = \sin x, \ y = \frac{1}{2}\sin x$$

的圖形。我們把它們作在同一坐標系上，是為了互相比較的緣故。由圖 6–54 我們看出：a 的大小並不影響圖形的大致形貌，而只影響到圖形在 x 軸上或下的「高度」，這個高度跟 a 成正比。例如，「正常」的正弦函

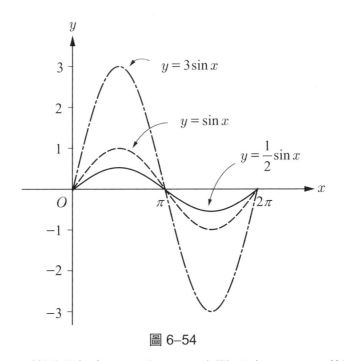

圖 6-54

數 $y = \sin x$，其圖形介乎 $y = 1$ 及 $y = -1$ 之間，而 $y = a \sin x$ 的圖形介乎 $y = a$ 與 $y = -a$ 之間。我們稱(1)式中的 a 為**振幅**。振幅 a 愈大，則函數圖形波動的高度也愈高。

其次考慮正常數 m 對圖形的影響。讓我們作出下面三個函數的圖形：

$$y = \sin 2x, \ y = \sin x, \ y = \sin \frac{1}{2} x$$

由圖 6-55 看出：m 的大小並不改變圖形的一般形貌及振幅，但是卻改變了函數的週期。換句話說，(1)式中的 m 決定了函數圖形經歷一週期時，所需 x 區間的長度。譬如，$y = \sin x$ 經歷一週期，所需 x 區間長度為 2π，而 $y = \sin 2x$ 在 x 的 2π 長度區間內，經歷了兩週期。如果 $m = 3$，那麼 $y = \sin mx$ 在 x 的 2π 長度區間內會經歷三個週期。因此我

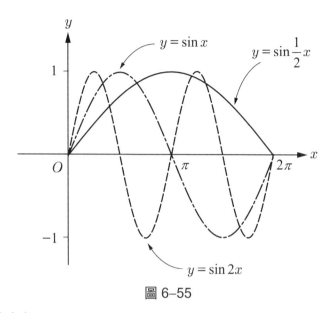

圖 6–55

們稱 m 為**角頻**。

　　最後考察常數 ϕ 對函數圖形的影響。在下圖 6–56 中，我們作出的圖形。

$$y = \sin x,\ y = \sin(x + \pi),\ y = \sin(x - \frac{\pi}{2})$$

　　由圖我們看出，ϕ 的作用只是把 $y = \sin x$ 的圖形向左或向右平移。當 ϕ 為正的時候，向左平移；當 ϕ 為負時，向右平移。我們稱 ϕ 為**相角**。

　　現在我們可以來比較 $y = a \sin m(x + \phi) = a \sin(mx + m\phi)$ 與 $y = \sin x$ 的圖形。兩者相對照之下，我們說，前者的振幅比後者大 a 倍，角頻大 m 倍，而前者相對於 $y = \sin mx$ 的相角為 $m\phi$。

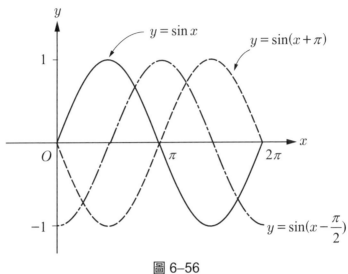

圖 6–56

函數 $y = a \sin m(x + \phi)$ 在物理及工程上應用得很多，例如物體的振盪，日常生活上所見的交流電等，都可以用這個函數來描述，所以大家一定要了解它的圖形，以及振幅、角頻、相角等所代表的意義。

例 5 討論函數 $y = \dfrac{3}{2} \sin 2(x - \dfrac{\pi}{4})$ 的圖形。

解 這是一個正弦型的函數。將它跟 $y = a \sin[m(x + \phi)]$ 比較，得振幅 $a = 1.5$，週期

$$P = \frac{2\pi}{m} = \frac{2\pi}{2} = \pi$$

因此在 x 的區間長度為 2π 的範圍內，函數的圖形經歷了兩個週期的循環。相角 ϕ 為

$$\phi = -\frac{\pi}{4}$$

在圖 6–57 中，我們作出 $y = \sin x$, $y = \sin 2x$, $y = \sin 2(x - \frac{\pi}{4})$ 及 $y = \frac{3}{2} \sin 2(x - \frac{\pi}{4})$ 四個圖形，作為比較。

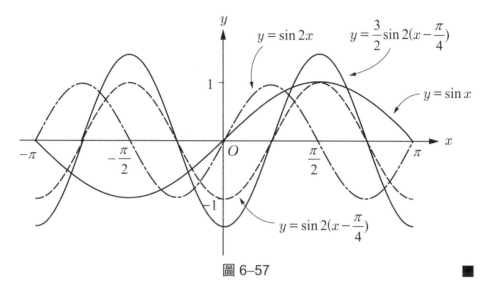

圖 6–57

隨堂練習 討論下列各函數的圖形並且作圖：

(1) $y = 2 \sin 5x$

(2) $y = 200 \sin(x + 5)$

(3) $y = 30 \sin(7x - 14\pi)$

(4) $y = \sin(300x + 15)$

例 6 我們說過三角函數可用來描述週期現象，例如考慮一質點在半徑為 a 的圓周上作等速運動，即角速度 ω 為定值。今設質點由 P_0 點出發，經過 t 秒後到達 P 點，則 $\angle AOP_0 = \alpha$ 且 $\angle P_0OP = \omega t$。令 P 點在 x, y 軸的投影分別為 M 與 N。由於 P 點在圓周上運動，導致了 M, N 在 x 軸與 y 軸上往復作運動。M, N 的位置可以描述為

$$x = a\cos(\omega t + \alpha)$$

$$y = a\sin(\omega t + \alpha)$$

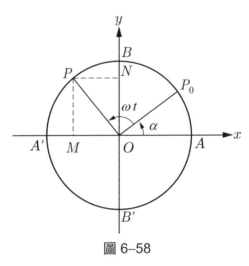

圖 6–58

往復一回所需的時間 T 為

$$T = \frac{360°}{\omega}$$

我們稱 T 為週期，a 為振幅，α 為初相角，$n = \dfrac{1}{T}$ 為頻率。點

M, N 的運動叫做**單頻運動** (simple harmonic motion)。 ■

習 題 6–6

求下列函數的週期並且作圖：

(1) $y = \sin x + 2$ (2) $y = \sin(x - \dfrac{\pi}{6})$ (3) $y = 2\sin x + 1$

(4) $y = \sin 3x$ (5) $y = -\sin 2x$ (6) $y = \tan 2x$

6–7 複合角三角恆等式

甲、和角公式與差角公式

定 理 1

$$\sin(\alpha + \beta) = \sin\alpha\cos\beta + \cos\alpha\sin\beta$$

證明 　如下圖 6–59，$\overline{CF}$ 與 $\overline{PD}$ 垂直 x 軸，$\overline{PC} \perp \overline{OC}$, $\overline{CE} \perp \overline{PD}$。在直角 $\triangle ODP$ 中

$$\sin(\alpha + \beta) = \frac{\overline{PD}}{1} = \overline{PD} = \overline{DE} + \overline{EP} = \overline{CF} + \overline{EP}$$

又在直角 $\triangle OFC$ 中，$\dfrac{\overline{CF}}{\overline{OC}} = \sin\alpha$，或 $\overline{CF} = \overline{OC}\sin\alpha$，

在直角 $\triangle PEC$ 中，$\dfrac{\overline{PE}}{\overline{PC}} = \cos\alpha$，或 $\overline{PE} = \overline{PC}\cos\alpha$，

$\therefore \sin(\alpha + \beta) = \overline{CF} + \overline{EP} = \overline{OC}\sin\alpha + \overline{PC}\cos\alpha$

在直角 $\triangle OCP$ 中，$\dfrac{\overline{PC}}{1} = \sin\beta$，或 $\overline{PC} = \sin\beta$，

並且 $\dfrac{\overline{OC}}{1} = \cos\beta$，或 $\overline{OC} = \cos\beta$，

$\therefore \sin(\alpha + \beta) = \overline{OC}\sin\alpha + \overline{PC}\cos\alpha$

$\qquad\qquad\quad = \cos\beta\sin\alpha + \sin\beta\cos\alpha$

$\therefore \sin(\alpha + \beta) = \sin\alpha\cos\beta + \cos\alpha\sin\beta$

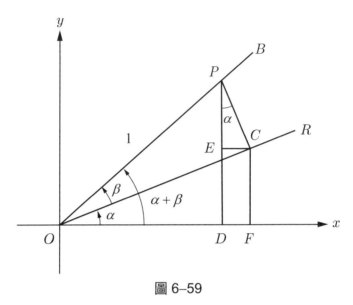

圖 6–59

（註：本定理我們只證明當 α, β 為銳角的情形，其實理 1 對於任意 α
　　與 β 都成立，這個公式叫**和角公式**。）

由定理 1，我們很快就可以推出

> ## 定 理2
>
> $$\sin(\alpha - \beta) = \sin\alpha\cos\beta - \cos\alpha\sin\beta$$

證明　在 $\sin(\alpha + \beta) = \sin\alpha\cos\beta + \cos\alpha\sin\beta$ 中，以 $-\beta$ 取代 β，則得

$$\sin(\alpha - \beta) = \sin[\alpha + (-\beta)]$$
$$= \sin\alpha\cos(-\beta) + \cos\alpha\sin(-\beta)$$
$$= \sin\alpha\cos\beta - \cos\alpha\sin\beta$$

定　理 3

$$\cos(\alpha + \beta) = \cos \alpha \cos \beta - \sin \alpha \sin \beta$$

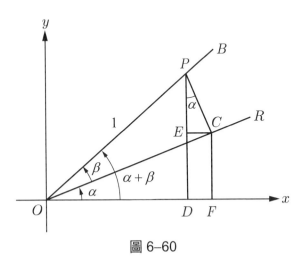

圖 6–60

證明　如上圖 6–60 中，在直角 $\triangle ODP$ 中

$$\cos(\alpha + \beta) = \frac{\overline{OD}}{1} = \overline{OD} = \overline{OF} - \overline{DF} = \overline{OF} - \overline{EC}$$

在直角 $\triangle OFC$ 中，$\dfrac{\overline{OF}}{\overline{OC}} = \cos \alpha$，或 $\overline{OF} = \overline{OC} \cos \alpha$，

在直角 $\triangle PEC$ 中，$\dfrac{\overline{EC}}{\overline{PC}} = \sin \alpha$，或 $\overline{EC} = \overline{PC} \sin \alpha$，

$\therefore \cos(\alpha + \beta) = \overline{OF} - \overline{EC} = \overline{OC} \cos \alpha - \overline{PC} \sin \alpha$

在直角 $\triangle OCP$ 中，

$$\frac{\overline{OC}}{1} = \overline{OC} = \cos \beta$$

$$\frac{\overline{PC}}{1} = \overline{PC} = \sin \beta$$

$$\therefore \cos(\alpha + \beta) = \overline{OC}\cos\alpha - \overline{PC}\sin\alpha$$

$$= \cos\beta\cos\alpha - \sin\beta\sin\alpha$$

$$\therefore \cos(\alpha + \beta) = \cos\alpha\cos\beta - \sin\alpha\sin\beta \qquad \blacksquare$$

（註：本定理對於任意角亦成立。）

由定理 3，易得

定　理 4

$$\cos(\alpha - \beta) = \cos\alpha\cos\beta + \sin\alpha\sin\beta$$

證明　在公式 $\cos(\alpha + \beta) = \cos\alpha\cos\beta - \sin\alpha\sin\beta$ 中，以 $-\beta$ 取代 β，則得

$$\cos(\alpha - \beta) = \cos[\alpha + (-\beta)]$$

$$= \cos\alpha\cos(-\beta) - \sin\alpha\sin(-\beta)$$

$$= \cos\alpha\cos\beta + \sin\alpha\sin\beta \qquad \blacksquare$$

結　論

$$\begin{cases} \sin(\alpha + \beta) = \sin\alpha\cos\beta + \cos\alpha\sin\beta \\ \sin(\alpha - \beta) = \sin\alpha\cos\beta - \cos\alpha\sin\beta \\ \cos(\alpha + \beta) = \cos\alpha\cos\beta - \sin\alpha\sin\beta \\ \cos(\alpha - \beta) = \cos\alpha\cos\beta + \sin\alpha\sin\beta \end{cases}$$

例 1　試求 $\cos 75°$ 的值。

解
$$\cos 75° = \cos(45° + 30°)$$
$$= \cos 45° \cos 30° - \sin 45° \sin 30°$$
$$= \frac{1}{\sqrt{2}} \cdot \frac{\sqrt{3}}{2} - \frac{1}{\sqrt{2}} \cdot \frac{1}{2}$$
$$= \frac{\sqrt{3}}{2\sqrt{2}} - \frac{1}{2\sqrt{2}}$$
$$= \frac{\sqrt{3} - 1}{2\sqrt{2}} = \frac{\sqrt{6} - \sqrt{2}}{4}$$
∎

隨堂練習　求 $15°$ 的六個三角函數值。

（提示：$15° = 45° - 30°$）

例 2　求 $\sin(90° + \theta)\cos(180° - \theta) + \cos(90° + \theta)\sin(180° - \theta)$ 之值。

解　原式 $= \sin[(90° + \theta) + (180° - \theta)] = \sin 270° = -1$ ∎

隨堂練習　試求下列各式的值：

(1) $\cos 25° \cos 20° - \sin 25° \sin 20°$

(2) $\sin 135° \cos 45° + \cos 135° \sin 45°$

(3) $\sin(\theta + 30°)\cos(\theta - 60°) - \cos(\theta + 30°)\sin(\theta - 60°)$

定　理 5

$$\tan(\alpha + \beta) = \frac{\tan \alpha + \tan \beta}{1 - \tan \alpha \tan \beta}$$

證明　$\tan(\alpha + \beta) = \dfrac{\sin(\alpha + \beta)}{\cos(\alpha + \beta)}$

$$= \dfrac{\sin\alpha\cos\beta + \cos\alpha\sin\beta}{\cos\alpha\cos\beta - \sin\alpha\sin\beta}$$

分子、分母同除以 $\cos\alpha\cos\beta$，得

$$\tan(\alpha + \beta) = \dfrac{\dfrac{\sin\alpha\cos\beta}{\cos\alpha\cos\beta} + \dfrac{\cos\alpha\sin\beta}{\cos\alpha\cos\beta}}{\dfrac{\cos\alpha\cos\beta}{\cos\alpha\cos\beta} - \dfrac{\sin\alpha\sin\beta}{\cos\alpha\cos\beta}}$$

$$= \dfrac{\tan\alpha + \tan\beta}{1 - \tan\alpha\tan\beta}$$

由本定理亦可得

定　理 6

$$\tan(\alpha - \beta) = \dfrac{\tan\alpha - \tan\beta}{1 + \tan\alpha\tan\beta}$$

證明　在公式 $\tan(\alpha + \beta) = \dfrac{\tan\alpha + \tan\beta}{1 - \tan\alpha\tan\beta}$ 中，以 $-\beta$ 取代 β，則得

$$\tan(\alpha - \beta) = \tan[\alpha + (-\beta)]$$

$$= \dfrac{\tan\alpha + \tan(-\beta)}{1 - \tan\alpha\tan(-\beta)}$$

$$= \dfrac{\tan\alpha - \tan\beta}{1 + \tan\alpha\tan\beta}$$

例 3 設 $\sin\alpha = \dfrac{12}{13}$，且 α 為第一象限角；$\sec\beta = -\dfrac{5}{3}$，且 β 為第二象限角，試求 $\tan(\alpha+\beta)$ 之值。

解 由下圖 6–61 得知 $\tan\alpha = \dfrac{12}{5}$，$\tan\beta = \dfrac{-4}{3}$，

$$\therefore \tan(\alpha+\beta) = \frac{\tan\alpha + \tan\beta}{1 - \tan\alpha\tan\beta} = \frac{\dfrac{12}{5} + (\dfrac{-4}{3})}{1 - \dfrac{12}{5}\cdot(\dfrac{-4}{3})}$$

$$= \frac{\dfrac{16}{15}}{\dfrac{63}{15}} = \frac{16}{63}$$

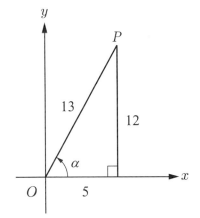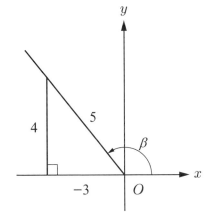

圖 6–61

隨堂練習 設 α 為第一象限角，β 為第二象限角，已知 $\cot\alpha = \dfrac{8}{15}$，$\sin\beta = \dfrac{3}{5}$，試求 $\sin(\alpha+\beta)$, $\tan(\alpha+\beta)$, $\cos(\alpha-\beta)$ 之值。

乙、二倍角公式

> ### 定 理 7
>
> （二倍角公式）
>
> (1) $\sin 2\alpha = 2\sin\alpha\cos\alpha$
>
> (2) $\cos 2\alpha = \cos^2\alpha - \sin^2\alpha = 2\cos^2\alpha - 1 = 1 - 2\sin^2\alpha$
>
> (3) $\tan 2\alpha = \dfrac{2\tan\alpha}{1 - \tan^2\alpha}$

證明 (1)在公式 $\sin(\alpha+\beta) = \sin\alpha\cos\beta + \cos\alpha\sin\beta$ 中，

令 $\beta = \alpha$，則得

$$\sin 2\alpha = \sin(\alpha+\alpha) = \sin\alpha\cos\alpha + \cos\alpha\sin\alpha$$
$$= 2\sin\alpha\cos\alpha$$

(2) $\cos 2\alpha = \cos(\alpha+\alpha) = \cos\alpha\cos\alpha - \sin\alpha\sin\alpha$

$$= \cos^2\alpha - \sin^2\alpha = \cos^2\alpha - (1 - \cos^2\alpha)$$
$$= 2\cos^2\alpha - 1 = 2(1 - \sin^2\alpha) - 1$$
$$= 1 - 2\sin^2\alpha$$

(3) $\tan 2\alpha = \tan(\alpha+\alpha) = \dfrac{\tan\alpha + \tan\alpha}{1 - \tan\alpha\tan\alpha} = \dfrac{2\tan\alpha}{1 - \tan^2\alpha}$ ∎

例 4 $\sin 40° = 2\sin 20°\cos 20°$,

$\cos 40° = \cos^2 20° - \sin^2 20°$

或是 $\cos 40° = 2\cos^2 20° - 1 = 1 - 2\sin^2 20°$

$\tan 40° = \dfrac{2\tan 20°}{1 - \tan^2 20°}$ ∎

例 5　設 $\sin\theta = \dfrac{8}{17}$，且 θ 在第二象限，試求：

(1) $\sin 2\theta$　(2) $\cos 2\theta$　(3) $\tan 2\theta$

解　如圖 6–62，$\sin\theta = \dfrac{8}{17}$, $\cos\theta = \dfrac{-15}{17}$, $\tan\theta = \dfrac{8}{-15}$

(1) $\sin 2\theta = 2\sin\theta\cos\theta$

$$= 2\cdot(\frac{8}{17})\cdot(-\frac{15}{17})$$

$$= -\frac{240}{289}$$

(2) $\cos 2\theta = 1 - 2\sin^2\theta = 1 - 2\cdot(\frac{8}{17})^2$

$$= 1 - \frac{128}{289} = \frac{161}{289}$$

(3) $\tan 2\theta = \dfrac{2\tan\theta}{1 - \tan^2\theta} = \dfrac{2(-\dfrac{8}{15})}{1 - (-\dfrac{8}{15})^2} = \dfrac{-\dfrac{16}{15}}{\dfrac{161}{225}}$

$$= -\frac{240}{161}$$

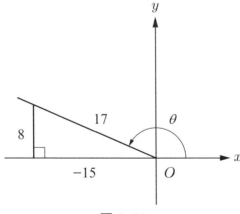

圖 6–62

丙、半角公式

由二倍角公式，

$$\cos 2A = 2\cos^2 A - 1 = 1 - 2\sin^2 A$$

令 $2A \equiv \theta,\ A = \dfrac{\theta}{2}$，可得：

定　理 8

（半角公式）

$$\cos \frac{\theta}{2} = \pm\sqrt{\frac{1+\cos\theta}{2}},\ \sin \frac{\theta}{2} = \pm\sqrt{\frac{1-\cos\theta}{2}}$$

正負符號可由 $\dfrac{\theta}{2}$ 所在象限來判定，但是

$$\tan \frac{\theta}{2} = \pm\sqrt{\frac{1-\cos\theta}{1+\cos\theta}} = \frac{\sin\theta}{1+\cos\theta} = \frac{1-\cos\theta}{\sin\theta}$$

隨堂練習　若 $t = \tan \dfrac{\theta}{2}$，求證：

$$\sin\theta = \frac{2t}{1+t^2},\ \cos\theta = \frac{1-t^2}{1+t^2},\ \tan\theta = \frac{2t}{1-t^2}$$

丁、和差化積與積化和差公式

定 理 9

（和差化積的公式）

$$\sin\alpha + \sin\beta = 2\sin\frac{1}{2}(\alpha+\beta)\cos\frac{1}{2}(\alpha-\beta)$$

$$\sin\alpha - \sin\beta = 2\cos\frac{1}{2}(\alpha+\beta)\sin\frac{1}{2}(\alpha-\beta)$$

$$\cos\alpha + \cos\beta = 2\cos\frac{1}{2}(\alpha+\beta)\cos\frac{1}{2}(\alpha-\beta)$$

$$\cos\alpha - \cos\beta = -2\sin\frac{1}{2}(\alpha+\beta)\sin\frac{1}{2}(\alpha-\beta)$$

證明 因 $\sin(x+y) = \sin x\cos y + \cos x\sin y$ ……①

且 $\sin(x-y) = \sin x\cos y - \cos x\sin y$ ……②

①＋②得 $\sin(x+y) + \sin(x-y) = 2\sin x\cos y$ ……③

①－②得 $\sin(x+y) - \sin(x-y) = 2\cos x\sin y$ ……④

令 $\alpha = x+y$, $\beta = x-y$，

則 $\alpha+\beta = 2x$, $\alpha-\beta = 2y$

或 $x = \frac{1}{2}(\alpha+\beta)$, $y = \frac{1}{2}(\alpha-\beta)$

代入③, ④式得

$$\sin\alpha + \sin\beta = 2\sin\frac{1}{2}(\alpha+\beta)\cos\frac{1}{2}(\alpha-\beta)$$

$$\sin\alpha - \sin\beta = 2\cos\frac{1}{2}(\alpha+\beta)\sin\frac{1}{2}(\alpha-\beta)$$

同理可證得

$$\cos\alpha + \cos\beta = 2\cos\frac{1}{2}(\alpha+\beta)\cos\frac{1}{2}(\alpha-\beta)$$

$$\cos\alpha - \cos\beta = -2\sin\frac{1}{2}(\alpha+\beta)\sin\frac{1}{2}(\alpha-\beta)$$

例 6 試證 $\dfrac{\cos 5\theta + \cos \theta}{\sin 5\theta + \sin \theta} = \cot 3\theta$。

證明 左式 $= \dfrac{\cos 5\theta + \cos \theta}{\sin 5\theta + \sin \theta}$

$$= \frac{2\cos \dfrac{1}{2}(5\theta + \theta)\cos \dfrac{1}{2}(5\theta - \theta)}{2\sin \dfrac{1}{2}(5\theta + \theta)\cos \dfrac{1}{2}(5\theta - \theta)}$$

$$= \frac{2\cos 3\theta \cos 2\theta}{2\sin 3\theta \cos 2\theta} = \frac{\cos 3\theta}{\sin 3\theta} = \cot 3\theta = 右式$$

隨堂練習 將下列各和差式化為乘積式：

(1) $\cos 20° + \cos 10°$ (2) $\sin 140° - \sin 82°$

(3) $\cos \dfrac{3}{8}\pi - \cos \dfrac{1}{8}\pi$ (4) $\sin \dfrac{7}{12}\pi + \sin \dfrac{5}{12}\pi$

隨堂練習 試證下列各式：

(1) $\sin 140° - \sin 80° + \sin 20° = 0$

(2) $\dfrac{\cos 3\alpha + \cos \alpha}{\sin 5\alpha + \sin 3\alpha} = \cos 2\alpha \csc 4\alpha$

(3) $\dfrac{\sin 75° - \sin 15°}{\cos 105° + \cos 15°} = 1$

(4) $\sin 8\alpha \cos 4\alpha + \cos 6\alpha \sin 2\alpha = \sin 10\alpha \cos 2\alpha$

定 理 10

（積化和差的公式）

$$2\sin \theta \cos \varphi = \sin(\theta + \varphi) + \sin(\theta - \varphi)$$

$$2\cos \theta \cos \varphi = \cos(\theta + \varphi) + \cos(\theta - \varphi)$$

$$2\sin \theta \sin \varphi = \cos(\theta - \varphi) - \cos(\theta + \varphi)$$

證明　只要在和差化積的公式，令 $\frac{1}{2}(\alpha+\beta)=\theta$, $\frac{1}{2}(\alpha-\beta)=\varphi$。因而

$\alpha=\theta+\varphi$, $\beta=\theta-\varphi$，這就都可證明了！　　■

習　題　6–7

1. 設方程式 $x^2+px+q=0$ 之二根為 $\tan A$ 與 $\tan B$，試以 p, q 兩數表出 $\tan(A+B)\tan(A-B)$ 之值。

2. 設 $x^2-(\tan A+\cot A)x+1=0$ 之一根為 $2+\sqrt{3}$，試求 $\sin 2A$ 之值。

   （提示：兩根之和為 $\tan A+\cot A$，兩根之積為 1）

3. 試證 $\cos^4\theta-\sin^4\theta=2\cos^2\theta-1$。

4. 試證 $\dfrac{a(\cos^4 x-\sin^4 x+a)}{2a\cos^2 x+a^2+1}=1-\dfrac{a+1}{2a\cos^2 x+a^2+1}$。

5. 求 $\sin 75°$ 與 $\tan 105°$ 之值。

*6. 將 $\sin x+\sqrt{3}\cos x$ 表成 $r\sin(x+\alpha)$, $r>0$ 之形狀。

7. 設 $\dfrac{\pi}{2}<\alpha<\pi$ 且 $\sin\alpha=\dfrac{3}{5}$，試求 $\sin 2\alpha$ 與 $\sin\dfrac{\alpha}{2}$ 之值。

8. 設 $\alpha=22.5°$，求 $\sin\alpha$, $\cos\alpha$, $\tan\alpha$ 之值。

9. 將下列各式的和化積，積化和：

   (1) $\sin 3\alpha\cos\alpha$　　　　　　　(2) $\cos 7\alpha\cos 2\alpha$

   (3) $\sin 5\alpha+\sin 3\alpha$　　　　　　(4) $\cos 7\alpha+\cos 3\alpha$

10. 設 $\alpha=18°$，試證明：

   (1) $\sin 2\alpha=\cos 3\alpha$ 與(2) $2\sin\alpha=4\cos^2\alpha-3$ 並且求 $\sin\alpha$ 之值。

11. (1)在 $0\le x<\dfrac{\pi}{2}$ 之範圍，試證 $\sin x+\cos x\ge 1$。

   (2)在 $0\le x<\dfrac{\pi}{6}$ 之範圍，試證 $\cos x>\sqrt{3}\sin x$。

12.在 $0 \leq x < 2\pi$ 之範圍，求下列函數之最大值與最小值：

(1) $\sin x \sin(\dfrac{\pi}{3} - x)$ 　　　　　　(2) $\cos 2x - 4\sin x$

第七章　三角形的性質與解法

三角形是平面幾何學中最簡單，也是最有用的圖形，簡單才會有用！

三角形有三條邊與三個角，一共是**六個要素**。但是，它們並非完全獨立，例如，因為三角形三內角和為 180°，所以只要知道其中兩個角，就知道第三個角了。另外，三角形任何兩邊之和必大於第三邊。

事實上，在三角形的六個要素中，我們只要知道其中適當的三個要素，就可以完全確定三角形，這就是三角形的各種全等定理，例如 S.A.S.（兩邊及其夾角），S.S.S.（三邊），A.S.A.（兩角及其夾邊）等。

所謂**解三角形**就是已知三角形的三個要素，欲求出其餘的未知要素。這必須借助於三角函數的幫忙，尤其是三角形的**邊與角的規律**，例如正弦定律與餘弦定律。這些就構成了本章的主題。

7–1　正弦定律與餘弦定律

甲、正弦定律

在平面幾何學中，我們知道，在一個三角形中，大邊對大角，大角對大邊。這是邊與角最基本的關係。進一步，我們要追尋精確的邊與角之定量關係。

定 理 1

（正弦定律，the law of sines）

設 $\triangle ABC$ 之三邊為 a, b, c，外接圓半徑為 R，則

$$\frac{a}{\sin A} = \frac{b}{\sin B} = \frac{c}{\sin C} = 2R$$

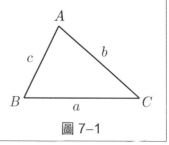

圖 7–1

證明　我們只需證明

$$\frac{a}{\sin A} = 2R, \ \frac{b}{\sin B} = 2R, \ \frac{c}{\sin C} = 2R$$

但這三式具有同樣的形式，故只需證明其中一式就好了，其餘的兩式同理可證。那麼我們就來證明

$$\frac{a}{\sin A} = 2R \tag{1}$$

⑴當 $\angle A$ 為銳角時，即 $\angle A < \dfrac{\pi}{2}$，過 B 點作外接圓的直徑 $\overline{BD}$，

連結 $\overline{CD}$，則由平面幾何知

$$\angle A = \angle BDC \quad （圓周角定理）$$

$$\angle BCD = \frac{\pi}{2} \quad （泰勒斯 (Thales) 定理）$$

於是　　　　　$2R \sin A = 2R \sin \angle BDC = a$

從而⑴式成立。參見圖 7–2。

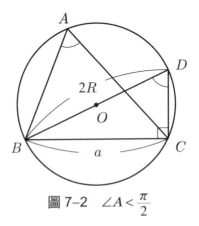

圖 7–2　$\angle A < \dfrac{\pi}{2}$

⑵當 $\angle A$ 為直角時，即 $\angle A = \dfrac{\pi}{2}$，則

$$\sin A = \sin \dfrac{\pi}{2} = 1,\ 2R = a$$

因此，⑴式顯然成立。參見圖 7–3。

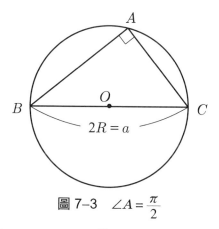

圖 7–3 $\angle A = \dfrac{\pi}{2}$

⑶當 $\angle A$ 為鈍角時，即 $\angle A > \dfrac{\pi}{2}$，過 B 點作外接圓直徑 $\overline{BD}$，連結 $\overline{CD}$，則

$$\angle A + \angle BDC = \pi,\ \angle BCD = \dfrac{\pi}{2}$$

於是

$$\sin A = \sin(\pi - \angle BDC) = \sin \angle BDC$$

從而

$$2R \sin A = 2R \sin \angle BDC = a$$

因此，⑴式成立。參見圖 7–4。

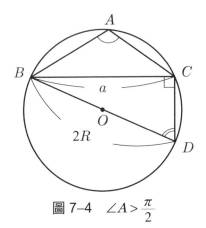

圖 7-4　$\angle A > \dfrac{\pi}{2}$

例 1　在 $\triangle ABC$ 中，已知 $a = 12, \angle B = \dfrac{5}{12}\pi, \angle C = \dfrac{\pi}{3}$，試求此三角形的外接圓半徑 R 及 c。

解　$\because \angle A = \pi - (\angle B + \angle C) = \pi - (\dfrac{5}{12}\pi + \dfrac{\pi}{3}) = \dfrac{\pi}{4}$

$\therefore 2R = \dfrac{a}{\sin A} = \dfrac{12}{\sin \dfrac{\pi}{4}} = 12\sqrt{2}$

因此　　　　　　　　　　　　　$R = 6\sqrt{2}$

從而

$$c = 2R \sin C = 2 \cdot 6\sqrt{2} \sin \dfrac{\pi}{3} = 6\sqrt{6}$$

隨堂練習　設 $\triangle ABC$ 外接圓之半徑為 R，並且 $A = \dfrac{3}{4}\pi, a = 10$，試求 R 之值。

乙、餘弦定律

畢氏定理是幾何學的寶藏，非常重要。在 $\triangle ABC$ 中，

$$\angle C = \frac{\pi}{2} \Leftrightarrow c^2 = a^2 + b^2 \tag{2}$$

這是對於直角三角形所特有的性質。我們自然要問：對於一般三角形，$c^2 = a^2 + b^2$ 要如何修正呢？這就是下面的餘弦定律。

定　理 2

（餘弦定律，the law of cosines）

設 $\triangle ABC$ 為一個任意三角形，a, b, c 為其三邊，則

$$a^2 = b^2 + c^2 - 2bc\cos A$$
$$b^2 = c^2 + a^2 - 2ca\cos B$$
$$c^2 = a^2 + b^2 - 2ab\cos C$$

（註：當 $\angle C = \frac{\pi}{2}$ 時，第三式就化約成畢氏定理。因此，餘弦定律是畢氏定理的推廣，而畢氏定理是餘弦定律的**特殊化**。）

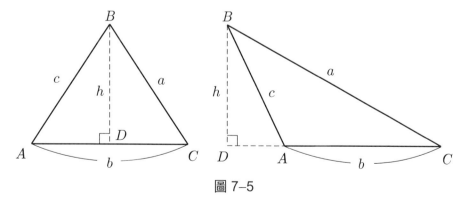

圖 7–5

證明　在 $\triangle ABD$ 上考慮畢氏定理，得

$$\overline{AD}^2 + \overline{BD}^2 = \overline{AB}^2 = c^2 \cdots\cdots ①$$

因 $\overline{AD} = (b - a\cos C)$, $\overline{BD} = h = a\sin C$ 代入①式，

得 $(b - a\cos C)^2 + (a\sin C)^2 = c^2$

$\Rightarrow b^2 - 2ab\cos C + a^2\cos^2 C + a^2\sin^2 C = c^2$

$\Rightarrow b^2 - 2ab\cos C + a^2(\cos^2 C + \sin^2 C) = c^2$

$\Rightarrow b^2 - 2ab\cos C + a^2 = c^2 \ [\because \sin^2 C + \cos^2 C = 1]$

$\Rightarrow c^2 = a^2 + b^2 - 2ab\cos C$

同理可證得

$$a^2 = b^2 + c^2 - 2bc\cos A$$
$$b^2 = a^2 + c^2 - 2ac\cos B$$

餘弦定律也可以寫成：

$$\cos A = \frac{b^2 + c^2 - a^2}{2bc}$$

$$\cos B = \frac{a^2 + c^2 - b^2}{2ac}$$

$$\cos C = \frac{a^2 + b^2 - c^2}{2ab}$$

畢氏定理告訴我們，在直角三角形中，斜邊的平方等於兩股的平方和。
反過來也成立，這就是畢氏定理的逆定理：

定　理 3

如果一個三角形兩邊長的平方和，等於第三邊長的平方，則此三角形
是一個直角三角形，而且第三邊所對應的內角是直角。

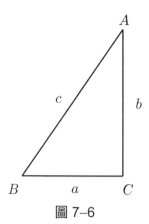

圖 7-6

證明　設 $\triangle ABC$ 中，$c^2 = a^2 + b^2$

由餘弦定律知

$$c^2 = a^2 + b^2 - 2ab\cos C$$

$\therefore a^2 + b^2 = a^2 + b^2 - 2ab\cos C$

$\Rightarrow 2ab\cos C = 0$

$\Rightarrow \cos C = 0 \Rightarrow \angle C = 90°$

例 2　一個三角形的三邊長分別是 5, 12, 13，則此三角形必為一直角三角形，因為 $13^2 = 5^2 + 12^2$。

例 3　若 $\triangle ABC$ 的三邊分別是 $a = 3$, $b = 5$, $c = \sqrt{19}$，試求 $\angle C$。

解　$\cos C = \dfrac{a^2 + b^2 - c^2}{2ab} = \dfrac{3^2 + 5^2 - 19}{2 \cdot 3 \cdot 5} = \dfrac{15}{30} = \dfrac{1}{2}$

$\therefore \angle C = 60°$

定 理 4

（平行四邊形定理）

$\square ABCD$ 中，兩對角線的平方和等於兩鄰邊平方和的兩倍，以下面圖 7-7 表示就是

$$c^2 + d^2 = 2(a^2 + b^2)$$

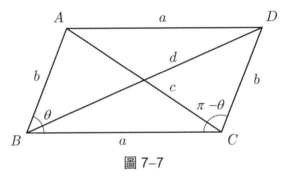

圖 7-7

證明　設 $\angle ABC = \theta$，則 $\angle BCD = \pi - \theta$（平行四邊形的性質），分別對 $\triangle ABC$ 及 $\triangle BCD$ 使用餘弦定律，得

$$c^2 = a^2 + b^2 - 2ab\cos\theta \cdots\cdots①$$

$$d^2 = a^2 + b^2 - 2ab\cos(\pi - \theta)$$

$$\therefore d^2 = a^2 + b^2 + 2ab\cos\theta \cdots\cdots②$$

① + ②得

$$c^2 + d^2 = 2(a^2 + b^2)$$

（註：本定理也是畢氏定理的推廣。當 $\square ABCD$ 為矩形時，則 $c = d$，

$\quad \therefore c^2 + d^2 = 2(a^2 + b^2) \Rightarrow 2c^2 = 2(a^2 + b^2) \Rightarrow c^2 = a^2 + b^2$，這就是畢氏

$\quad$ 定理！）

例4 在 $\triangle ABC$ 中，$b = 4$, $c = \sqrt{2}$, $\angle A = 45°$，求 a。

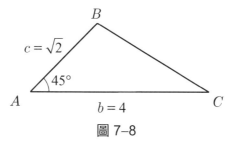

圖 7–8

解 由公式 $a^2 = b^2 + c^2 - 2bc \cos A$

$\Rightarrow a^2 = 16 + 2 - 2 \cdot 4\sqrt{2} \cdot \dfrac{1}{\sqrt{2}}$

$\Rightarrow a^2 = 18 - 8 = 10$

$\Rightarrow a = \sqrt{10}$

習 題 7–1

1. 設 R 為 $\triangle ABC$ 外接圓的半徑：

(1) $\angle A = \dfrac{\pi}{6}$, $R = 10$，求 a 之值。

(2) $\angle B = \angle C = \dfrac{\pi}{6}$, $a = 10$，求 $\angle A$, R, b, c 之值。

2. 在 $\triangle ABC$ 中：

(1) $\angle A = \dfrac{2}{3}\pi$, $b = 4$, $c = 6$，求 a 之值。

(2) $\angle A = 40°$, $b = 10$, $c = 7$，求 a 之值。

(3) $\angle B = \dfrac{5}{6}\pi$, $a = 3\sqrt{3}$, $c = 3\sqrt{7}$，求 b 之值。

(4) $a = 7$, $b = 5$, $c = 8$，求 $\angle A$ 之值。

3.在 $\triangle ABC$ 中，試證明：

$$\begin{cases} a = b\cos C + c\cos B \\ b = c\cos A + a\cos C \\ c = a\cos B + b\cos A \end{cases}$$

（註：上面三式叫做**第一餘弦定律**（或**投影定律**），從而餘弦定律（定理2）又
叫做**第二餘弦定律**。）

7–2　Heron 公式與半角定律

甲、三角形的面積

由平面幾何知道，三角形的面積等於底乘以高的一半，亦即

$$S = \frac{1}{2}b \cdot h$$

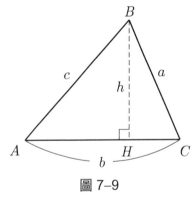

圖 7–9

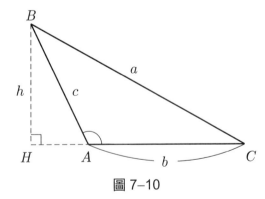

圖 7–10

進一步，我們有

定 理 1

$\triangle ABC$ 之面積 S 為

$$S = \frac{1}{2}bc\sin A = \frac{1}{2}ca\sin B = \frac{1}{2}ab\sin C$$

證明 如圖 7-9 與圖 7-10，由頂點 B 作高 h。不論 $\angle A$ 為銳角，直角或鈍角都有

$$h = c\sin A$$

所以

$$S = \frac{1}{2}bh = \frac{1}{2}bc\sin A$$

同理可證

$$S = \frac{1}{2}ca\sin B,\ S = \frac{1}{2}ab\sin C$$ ■

例 1 設 $\triangle ABC$ 的面積為 S，外接圓半徑為 R，試證：

$$S = \frac{abc}{4R} \text{ 或 } R = \frac{abc}{4S}$$

證明 由正弦定律知 $\sin A = \dfrac{a}{2R}$，故

$$S = \frac{1}{2}bc\sin A = \frac{1}{2}bc \cdot \frac{a}{2R} = \frac{abc}{4R}$$ ■

隨堂練習 求下列三角形之面積:

(1) $b = 11$, $\angle A = 55°$, $c = 17$

(2) $\angle A = 23°$, $b = 10$, $\angle C = 40°$

隨堂練習 利用三角形面積公式證明正弦定律。

乙、Heron 公式

　　三角形由其三邊 a, b, c 完全確定 (S.S.S. 全等定理)。因此,三角形的面積應該可以用 a, b, c 來表達,這就是下面著名的 Heron 公式 (**海龍公式**,許多書翻譯成**海倫公式**,並不恰當)。

定　理 2

在 $\triangle ABC$ 中, 令 $s = \dfrac{1}{2}(a + b + c)$,則三角形的面積為

$$S = \sqrt{s(s-a)(s-b)(s-c)}$$

證明 由三角形的面積公式 $S = \dfrac{1}{2}bc\sin A$ 得到

$$4S^2 = b^2c^2\sin^2 A$$

再由

$$\sin^2 A = 1 - \cos^2 A = (1 + \cos A)(1 - \cos A)$$

得到

$$4S^2 = b^2c^2(1 + \cos A)(1 - \cos A) \cdots\cdots ①$$

由餘弦定律

$$\cos A = \frac{b^2 + c^2 - a^2}{2bc}$$

於是

$$1 + \cos A = 1 + \frac{b^2 + c^2 - a^2}{2bc} = \frac{(b+c)^2 - a^2}{2bc}$$

$$= \frac{(a+b+c)(-a+b+c)}{2bc}$$

$$1 - \cos A = 1 - \frac{b^2 + c^2 - a^2}{2bc} = \frac{a^2 - (b-c)^2}{2bc}$$

$$= \frac{(a-b+c)(a+b-c)}{2bc}$$

由 $a + b + c = 2s$ 得知

$$-a + b + c = 2(s - a)$$
$$a - b + c = 2(s - b)$$
$$a + b - c = 2(s - c)$$

所以

$$1 + \cos A = \frac{2s(s-a)}{bc}$$

$$1 - \cos A = \frac{2(s-b)(s-c)}{bc}$$

代入①式得

$$S^2 = s(s-a)(s-b)(s-c)$$

從而

$$S = \sqrt{s(s-a)(s-b)(s-c)}$$

例 2　在 $\triangle ABC$ 中，已知 $a = 4, b = 5, c = 7$，求三角形的面積。

解　　$s = \dfrac{1}{2}(a + b + c) = \dfrac{1}{2}(4 + 5 + 7) = 8$

所以三角形的面積為

$$S = \sqrt{8 \cdot (8 - 4) \cdot (8 - 5) \cdot (8 - 7)}$$
$$= \sqrt{8 \cdot 4 \cdot 3 \cdot 1} = 4\sqrt{6}$$

隨堂練習　在 $\triangle ABC$ 中，已知 $a = 14, b = 11, c = 15$，求三角形的面積。

丙、半角定律

半角公式告訴我們

$$\sin \frac{\theta}{2} = \pm \sqrt{\frac{1 - \cos \theta}{2}}, \cos \frac{\theta}{2} = \pm \sqrt{\frac{1 + \cos \theta}{2}}$$

這是對任何角度 θ 都成立的。特別地，對於 $\triangle ABC$ 的情形，我們有

$$\sin \frac{A}{2} = \sqrt{\frac{1 - \cos A}{2}}, \cos \frac{A}{2} = \sqrt{\frac{1 + \cos A}{2}} \text{ 等等}$$

（註：此地必須取正號，因為 $\dfrac{A}{2}$ 必是第一象限角。再由餘弦定律，就可以將 $\sin \dfrac{A}{2}, \cos \dfrac{A}{2}$ 等表達成三邊 a, b, c 的關係式。）

定 理 3

（半角定律）

在 $\triangle ABC$ 中，令 $s = \dfrac{1}{2}(a+b+c)$，則

$$\sin \frac{A}{2} = \sqrt{\frac{(s-b)(s-c)}{bc}}, \cos \frac{A}{2} = \sqrt{\frac{s(s-a)}{bc}}$$

$$\sin \frac{B}{2} = \sqrt{\frac{(s-c)(s-a)}{ca}}, \cos \frac{B}{2} = \sqrt{\frac{s(s-b)}{ca}}$$

$$\sin \frac{C}{2} = \sqrt{\frac{(s-a)(s-b)}{ab}}, \cos \frac{C}{2} = \sqrt{\frac{s(s-c)}{ab}}$$

證明　$\sin \dfrac{A}{2} = \sqrt{\dfrac{1 - \dfrac{b^2+c^2-a^2}{2bc}}{2}} = \sqrt{\dfrac{a^2-(b-c)^2}{4bc}}$

$\qquad = \sqrt{\dfrac{(a+b-c)(a-b+c)}{4bc}} = \sqrt{\dfrac{(2s-2c)(2s-2b)}{4bc}}$

$\qquad = \sqrt{\dfrac{(s-b)(s-c)}{bc}}$

其他五個式子，同理可證明，請讀者補足。　■

隨堂練習　試證明：

(1) $\tan \dfrac{A}{2} = \sqrt{\dfrac{(s-b)(s-c)}{s(s-a)}}$

(2) $\sin A = \dfrac{2\sqrt{s(s-a)(s-b)(s-c)}}{bc}$

例3 利用半角定律，也可以推導出 Heron 公式：

$$S = \frac{1}{2}bc\sin A$$

$$= \frac{1}{2}bc \cdot 2\sin\frac{A}{2}\cos\frac{A}{2}$$

$$= bc\sqrt{\frac{(s-b)(s-c)}{bc}}\sqrt{\frac{s(s-a)}{bc}}$$

$$= \sqrt{s(s-a)(s-b)(s-c)}$$

習 題 7-2

1. 已知 $\triangle ABC$ 的數據如下，求三角形的面積：

   (1) $b = 23$, $\angle C = 43°$, $a = 35$ (2) $\angle A = 80°$, $b = 2$, $c = 9$

   (3) $\angle A = 15°$, $b = 78$, $\angle C = 92°$ (4) $a = 17$, $b = 10$, $c = 16$

   (5) $a = 10$, $b = 7$, $c = 12$

2. 在 $\triangle ABC$ 中，令內切圓的半徑為 r，試證：

$$S = rs \text{ 與 } r = \sqrt{\frac{(s-a)(s-b)(s-c)}{s}}$$

7-3　三角形的解法

甲、直角三角形的解法

　　最簡單也是最容易解的三角形就是直角三角形，原因是我們已經知道其中一個角度是 90°，不但有六個三角函數而且還有偉大的畢氏定理可以利用，解起來「易如反掌」！

例 1　$\triangle ABC$ 中，$\angle C = 90°$, $\angle A = \dfrac{\pi}{3}$, $c = 10$，試解此三角形。

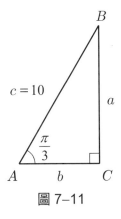

圖 7–11

解　(1) $\angle B = \dfrac{\pi}{2} - \dfrac{\pi}{3} = \dfrac{\pi}{6}$

(2) $\sin \dfrac{\pi}{3} = \dfrac{a}{10}$

$\therefore a = 10 \sin \dfrac{\pi}{3} \Rightarrow a = 10 \cdot \dfrac{\sqrt{3}}{2} = 5\sqrt{3}$

(3) $\cos \dfrac{\pi}{3} = \dfrac{b}{10} \Rightarrow b = 10 \cdot \cos \dfrac{\pi}{3}$

$\Rightarrow b = 10 \cdot \dfrac{1}{2} = 5$

例 2　在圖 7–12 中，$a = 165$, $c = 253$，試解直角 $\triangle ABC$。

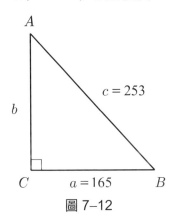

圖 7–12

解　(1)求 $\angle A$：

因為 $\sin A = \dfrac{a}{c} = \dfrac{165}{253} = 0.6521$，

查三角函數表得 $\angle A = 40.7°$

(2)求 $\angle B$：

我們知道 $\angle A + \angle B = 90°$，

$\therefore \angle B = 90° - \angle A = 90° - 40.7° = 49.3°$

(3)求 b：

我們可以利用畢氏定理，但是在此計算起來很麻煩，故用其他辦法，反正「條條大道通羅馬」。

$\therefore \sin B = \dfrac{b}{c}$ 即 $\sin 49.3° = \dfrac{b}{253}$，

$\therefore b = 253 \cdot \sin 49.3° \approx 253 \cdot (0.7581)$（電算器）

　　　≈ 192

仰角與俯角：一個人站在水平線上一點 O，順著水平線的方向仰望高處 P 點，則銳角 $\angle AOP$ 稱為**仰角**（見圖 7–13）。若此人由 O 點順著水平線的方向俯視低處 Q 點，則銳角 $\angle AOQ$ 稱為**俯角**（見圖 7–14）。

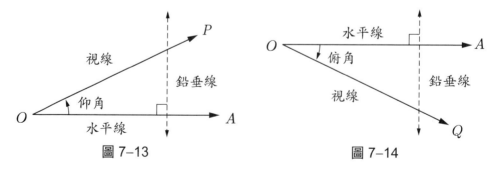

圖 7–13　　　　　　　　圖 7–14

例 3 有一棵樹生長在 30° 的斜坡上，並且此樹跟水平線垂直，某一天「陽光普照」，發現樹影投射在斜坡上的長度是 10 公尺。如果此時太陽的仰角是 60°，試求樹高。

解 這個問題看起來雖然複雜，但是也是屬於解直角三角形的範圍。

因 $\angle ABF + \angle A = 90°$，而 $\angle A = 30°$，

$\therefore \angle ABF = 90° - \angle A = 90° - 30° = 60°$

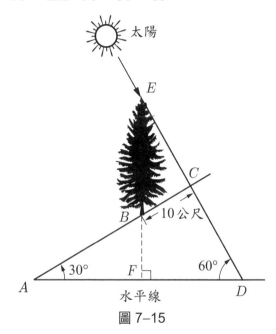

圖 7–15

又 $\angle EBC = \angle ABF = 60°$（對頂角相等），

因 $\cos \angle EBC = \dfrac{\overline{BC}}{\overline{BE}}$，而 $\overline{BC} = 10$ 公尺，

$\therefore \overline{BE} = \dfrac{\overline{BC}}{\cos 60°} = \dfrac{10}{\dfrac{1}{2}} = 20$ 公尺。

例 4 設 $\triangle ABC$ 為一直角三角形，$\angle A = 90°$，$\overline{AB} = 3$，$\overline{AC} = 4$，由 A 點作 $\overline{AD} \perp \overline{BC}$，且交 $\overline{BC}$ 於 D 點，試求 $\overline{AD}$ 與 $\overline{CD}$。

解 由畢氏定理立得 $\overline{BC} = 5$，因為 $\triangle ABC \sim \triangle DAC$

$$\therefore \frac{\overline{AB}}{\overline{BC}} = \frac{\overline{AD}}{\overline{AC}}，\text{即 } \frac{3}{5} = \frac{\overline{AD}}{4}。$$

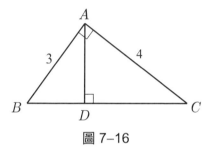

圖 7–16

$$\therefore \overline{AD} = \frac{12}{5}，\text{又由畢氏定理得}$$

$$\overline{CD} = \sqrt{\overline{AC}^2 - \overline{AD}^2} = \sqrt{4^2 - (\frac{12}{5})^2} = \frac{16}{5}$$

例 5 已知等腰三角形之頂角為 $120°$，其兩腰長各為 $4\sqrt{3}$，今自其底邊上任一點向兩腰各作一垂線，試求兩垂線長之和。

解 在圖 7–17 中，作 $\overline{CE} \perp \overline{AB}$ 的延長線，又作 $\overline{PF} \perp \overline{CE}$ 則 $\triangle PCG \cong \triangle CPF$（直角三角形，一斜邊及一銳角對應相等即全等）

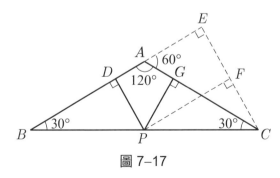

圖 7–17

$\therefore \overline{PG} = \overline{CF} \cdots\cdots ①$

又 $\overline{PD} = \overline{EF} \cdots\cdots ②$

① + ②得 $\overline{PD} + \overline{PG} = \overline{CF} + \overline{EF} = \overline{CE}$，

因 $\sin \angle CAE = \sin 60° = \dfrac{\overline{CE}}{\overline{AC}} = \dfrac{\overline{CE}}{4\sqrt{3}}$，

即 $\dfrac{\sqrt{3}}{2} = \dfrac{\overline{CE}}{4\sqrt{3}}$，所以 $\overline{CE} = \dfrac{1}{2}(4\sqrt{3} \cdot \sqrt{3}) = 6$，

因此 $\overline{PD} + \overline{PG} = \overline{CF} + \overline{FE} = \overline{CE} = 6$。 ■

隨堂練習　在圖 7–18 中，已知 $\angle C = 90°$, $a = 165$, $c = 253$，試解此直角三角形並求其面積。

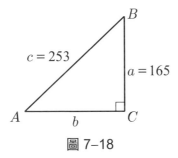

圖 7–18

乙、任意三角形的解法

　　任意三角形的解法比直角三角形的解法難一點，除了以上所學過的三角學知識，我們還須要用到兩個重要的公式，即**正弦定律**與**餘弦定律**。

　　解一個任意三角形，不外分為下列四種情形：

⑴已知一邊及兩角。

⑵已知兩邊及其中一邊的對角。

⑶已知兩邊及其夾角。

⑷已知三邊。

1.已知一邊及兩角的三角形之解法步驟 (S.A.A.)

例 6 在圖 7–19 中，已知 $\overline{AB} = 1200$ 公尺，$\angle A = 27°$，$\angle B = 78°$，而 $\overline{BC}$ 中間正好有一個湖泊，不能直接去測量 $\overline{BC}$ 的長度，請問你 要如何求得 $\overline{BC}$ 的長？

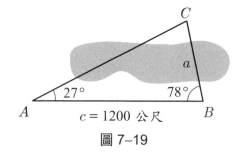

圖 7–19

解 ⑴先求 $\angle C$：

$\angle C = 180° - \angle A - \angle B = 180° - 27° - 78° = 75°$

⑵求 $\overline{BC}$ 之長：

由正弦定律得知 $\dfrac{1200}{\sin 75°} = \dfrac{a}{\sin 27°}$，

$\therefore 0.9659a = 1200 \cdot (0.4540)$（查表）

$\Rightarrow a \approx 563$ 公尺。

例 7 在圖 7–20 中，$\angle A:\angle B = 3:1$，且 $a:b = 2:1$，試解此三角形的
三內角。

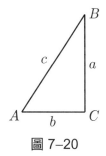

圖 7–20

解 令 $\dfrac{\angle A}{3} = \dfrac{\angle B}{1} = k$，則 $\angle A = 3k$，$\angle B = k$，

又令 $\dfrac{a}{2} = \dfrac{b}{1} = r$，則 $a = 2r$，$b = r$，

由正弦定律得知

$$\frac{a}{\sin A} = \frac{b}{\sin B}$$

$$\Rightarrow \frac{2r}{\sin 3k} = \frac{r}{\sin k}$$

$$\Rightarrow 2\sin k = \sin 3k = 3\sin k - 4\sin^3 k$$

$$\Rightarrow 4\sin^3 k - \sin k = 0$$

$$\Rightarrow \sin k(4\sin^2 k - 1) = 0$$

$$\Rightarrow \sin k = 0 \text{ 或 } 4\sin^2 k - 1 = 0$$

$$\Rightarrow k = 0°, 180°, \cdots \text{ 等均不合題意}$$

或 $\sin^2 k = \dfrac{1}{4} \Rightarrow \sin k = \pm\dfrac{1}{2}$

$$\Rightarrow k = 30° \text{（其他的角度均不合）}$$

$$\therefore \angle A = 90°, \angle B = 30°, \angle C = 60°$$

例 8　設 $\triangle ABC$ 中，$\angle B = 45°$，$\angle C = 60°$，$a = 10$ 公分，試求 b 與 c。

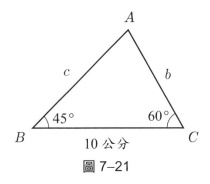

圖 7–21

解　在圖 7–21 中，$\angle A = 180° - \angle B - \angle C = 75°$，

由正弦定律得知

$$\frac{a}{\sin A} = \frac{b}{\sin B} = \frac{c}{\sin C}$$

其中 $\sin 75° = \sin(90° - 15°)$

$$= \cos 15° = \sqrt{\frac{1 + \cos 30°}{2}} = \frac{\sqrt{2 + \sqrt{3}}}{2}$$

$$\therefore b = a \cdot \frac{\sin B}{\sin A} = 10 \cdot \frac{\sin 45°}{\sin 75°} = 10(\sqrt{3} - 1) \text{ 公分}。$$

$$c = a \cdot \frac{\sin C}{\sin A} = 10 \cdot \frac{\sin 60°}{\sin 75°} = 5(3\sqrt{2} - \sqrt{6}) \text{ 公分}。$$

隨堂練習　設 A, B 處有兩個瞭望臺，兩臺之間的距離是 $b = 100\sqrt{6}$ 碼。今發現海上有船隻 C（見下圖 7–22），我們量得 $\angle A = 45°$，$\angle B = 105°$，試求船 C 與瞭望臺 A 的距離（同理也可以求 $\overline{BC}$ 的距離）。

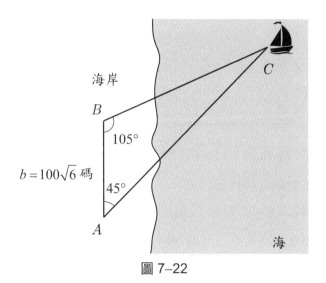

圖 7-22

綜觀上述的例子，對於已知一邊及兩角之三角形的解法如下：

⑴由三角形三內角和為 180°，求第三角的大小；

⑵再由正弦定律，求其餘兩邊長。

2.已知兩邊及其中一邊的對角 (S.S.A.)

這種情形也可用正弦定律來解，不過由於邊、角大小的關係，可能有一個解，有兩個解或無解三種情形，必須小心討論才能分辨。

下面的討論我們可以假設，已知的資料是 $\angle A$ 及 a, b 兩邊，這樣做並不失其一般性。$\angle A$ 可能是銳角，也可能是鈍角，今分別討論如下：

⑴當 $\angle A$ 為鈍角的情形：

　①如果 $a < b$ 或 $a = b$（圖 7-23），則圓弧不交底線 A 點的右邊。

　　換句話說，當 $a < b$ 或 $a = b$ 時，無解。

　②如果 $a > b$（圖 7-24），則圓弧正好交底線 A 點的右邊一點 B。

　　此時正好有一解。

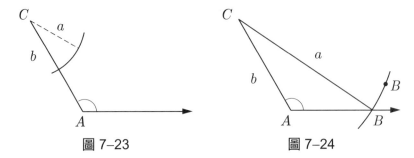

圖 7–23

圖 7–24

(2)當 $\angle A$ 為銳角的情形：

①如果 $a < h$（圖 7–25），其中 h 表由 C 點向底邊所作的高，則圓
弧跟底線不相交，此時無解。

②如果 $a = h$（圖 7–26），則有一解，直角三角形。

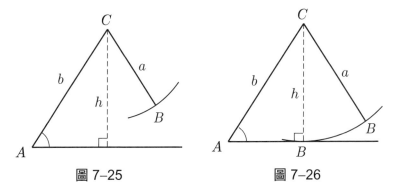

圖 7–25

圖 7–26

③如果 $a > h$ 且 $a < b$（圖 7–27），則有兩解，$\triangle ABC$ 與 $\triangle AB'C$。

④如果 $a > h$ 且 $a > b$（圖 7–28），則有一解 $\triangle ABC$。

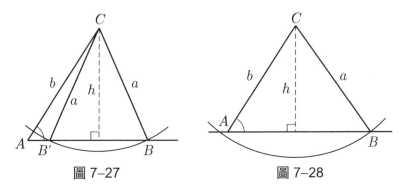

圖 7–27

圖 7–28

結論

	∠A 為鈍角時	∠A 為銳角時
	(1)若 $a \le b$，則無解 (2)若 $a > b$，則有一解	(1)若 $a < h$，則無解 (2)若 $a = h$，則有一解（直角三角形） (3)若 $b > a > h$，則有兩解 (4)若 $a > b$，則有一解

例 9 已知 $\angle A = 30°$，$a = 3$，$c = 7$，試解 $\triangle ABC$。

解　由正弦定律

$$\frac{a}{\sin A} = \frac{c}{\sin C} \Rightarrow \sin C = \frac{c \sin A}{a} = \frac{7 \sin 30°}{3} = \frac{3.5}{3} > 1$$

不合理 $(\because |\sin \theta| \le 1)$，故無解。

例 10 $\triangle ABC$ 中，已知 $\angle A = 22°$，$a = 10$，$b = 5$，試解 $\triangle ABC$。

解　$\sin B = \dfrac{b \sin A}{a} = \dfrac{5 \times \sin 22°}{10} = 0.1873$

故 $\angle B \approx 10.8°$（電算器），

$\angle C = 180° - 22° - 10.8° = 147.2°$

$c = \dfrac{a \sin C}{\sin A} = \dfrac{10 \times \sin 147.2°}{\sin 22°} = 14.45$

例 11 已知 $\angle C = 60°$，$a = 2\sqrt{2}$，$c = 2\sqrt{3}$，試解 $\triangle ABC$。

解　$\because a \sin C = 2\sqrt{2} \sin 60° = 2\sqrt{2} \times \dfrac{\sqrt{3}}{2} = \sqrt{6}$

而 $c = 2\sqrt{3} > \sqrt{6}$，又 $c > a$，故僅有一解

由正弦定律得

$$\frac{a}{\sin A} = \frac{c}{\sin C} \Rightarrow \sin A = \frac{a}{c} \sin C = \frac{2\sqrt{2}}{2\sqrt{3}} \sin 60° = \frac{\sqrt{2}}{2}$$

$\therefore \angle A = 45°$（$c > a \Rightarrow \angle A < \angle C = 60°$，大邊對大角）

$\angle B = 180° - (45° + 60°) = 75°$

又 $\dfrac{b}{\sin B} = \dfrac{c}{\sin C} \Rightarrow b = \dfrac{c \sin B}{\sin C} = \dfrac{2\sqrt{3} \sin 75°}{\sin 60°} = \sqrt{6} + \sqrt{2}$

例 12 設 $\angle A = 30°$，$b = 50$ 呎，$a = 35$ 呎，試解此三角形。

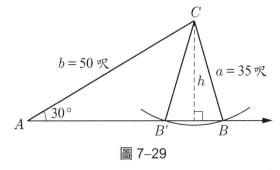

圖 7–29

解 由 $\angle A = 30°$ 與 $b = 50$ 呎，得到高

$$h = 50 \sin 30° = 25 \text{ 呎}$$

因 $a = 35$ 呎 $> h$，但 $a < b = 50$ 呎，故有兩解。

今應用正弦定律於 $\triangle ABC$ 中得

$$\frac{35}{\sin 30°} = \frac{50}{\sin B} = 2R$$

$\therefore \sin B = \dfrac{25}{35} = \dfrac{5}{7} \approx 0.714$ 且 $2R = 70$，

由三角函數表查得 $\angle B \approx 46°$，由此得

$$\angle C \approx 180° - (46° + 30°) = 104°$$

再由正弦定律得

$c = 70 \cdot \sin 104° \approx 70 \cdot (0.970) = 67.9$ 呎

同樣的，我們應用正弦定律於 $\triangle AB'C$ 中，得到

$$\frac{35}{\sin 30°} = \frac{50}{\sin B'}$$

$\therefore \sin B' \approx 0.714$

由於 B' 為鈍角，所以由三角函數表可知

$$\angle B' = 180° - 46° = 134°$$

從而 $\angle C = 16°$, $c = 70 \cdot \sin 16° = 19.3$ 呎。 ■

例 13 一人在小麓測得山頂之仰角為 45°，由此處上山有一直線斜坡路，與地面的斜度是 15°，此人沿此坡 100 公尺又測得山頂之仰角為 60°，求此山之高。

解 如圖 7–30，設 A, B 為此人前後兩次所在的位置，$\overline{CD}$ 為山高，$\overline{AB} = 100$ 公尺，則

$$\angle BCE = 90° - 60° = 30°$$
$$\angle ACD = 90° - 45° = 45°$$

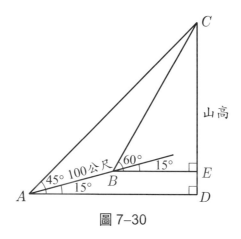

圖 7–30

$$\therefore \angle ACB = \angle ACD - \angle BCE$$
$$= 45° - 30°$$
$$= 15°$$

從而

$$\angle ABC = 180° - (30° + 15°) = 135°$$

$$\therefore \overline{AC} = \frac{100\sin 135°}{\sin 15°} = \frac{100\sin 45°}{\sin 15°}$$

$$\overline{AD} = \overline{AC} \cdot \sin 45° = \frac{100 \cdot \sin^2 45°}{\sin 15°}$$

$$= \frac{50}{\dfrac{\sqrt{6} - \sqrt{2}}{4}} = \frac{200}{\sqrt{6} - \sqrt{2}} = \frac{200(\sqrt{6} + \sqrt{2})}{4}$$

$$= 50(\sqrt{6} + \sqrt{2}) \text{ 呎}$$

要解第三、第四種情形的三角形，要用到餘弦定律。

3. 已知兩邊及其夾角 (S.A.S.)

方法： ⑴用餘弦定律求已知角之對邊長。

⑵用正弦定律求其他兩角之角度。

例 14 △ABC 中，$\angle A = 25°$, $b = 8$, $c = 12$，解此三角形。

解 $a^2 = b^2 + c^2 - 2bc\cos A$

$$= 64 + 144 - 2 \times 8 \times 12\cos 25°$$

$$= 64 + 144 - 192 \times 0.9063 \approx 34$$

$$\therefore a = \sqrt{34} \approx 5.83$$

$$\therefore \sin B = \frac{b \cdot \sin A}{a} = \frac{8 \cdot \sin 25^\circ}{5.83} = \frac{8 \times 0.4226}{5.83}$$

$$= 0.5799$$

故 $\angle B \approx 35.4^\circ$，

$$\therefore \angle C = 180^\circ - 25^\circ - 35.4^\circ = 119.6^\circ$$

■

例 15 在 $\triangle ABC$ 中，$a = 10\sqrt{3}$，$b = 20$，$\angle A = 60^\circ$，解此三角形。

解 $\sin B = \dfrac{20 \sin 60^\circ}{10\sqrt{3}} = 1$，$\therefore \angle B = 90^\circ$

$$\angle C = 180^\circ - 60^\circ - 90^\circ = 30^\circ$$

$$c = \frac{20 \sin 30^\circ}{\sin 90^\circ} = 10$$

■

例 16 一船向正東航行，望見 P, Q 二燈塔，測其方向，P 在北 30° 東，Q 在北 75° 東，該船行進 15 公里，再測二燈塔之方向，P 在北 45° 西，Q 在北 60° 東，試求兩燈塔的距離。

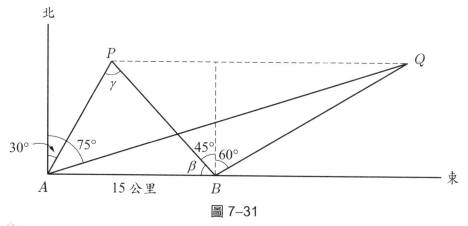

圖 7–31

解 設 A 為船的最初位置，B 為向正東行進 15 公里的位置。

在 $\triangle ABP$ 中，$\dfrac{\overline{AP}}{\sin \beta} = \dfrac{\overline{AB}}{\sin \gamma}$

$$\Rightarrow \frac{\overline{AP}}{\sin(90° - 45°)} = \frac{15}{\sin[180° - (60° + 45°)]}$$

$$\Rightarrow \overline{AP} = \frac{15\sin 45°}{\sin 75°} = \frac{15 \times \frac{\sqrt{2}}{2}}{\frac{\sqrt{6} + \sqrt{2}}{4}} = 15(\sqrt{3} - 1)$$

在 $\triangle ABQ$ 中，$\dfrac{\overline{AQ}}{\sin 150°} = \dfrac{\overline{AB}}{\sin 15°}$

$$\Rightarrow \overline{AQ} = \frac{15\sin 30°}{\sin 15°} = \frac{15 \times (\sqrt{6} + \sqrt{2})}{2}$$

在 $\triangle APQ$ 中，$\overline{PQ} = \sqrt{\overline{AP}^2 + \overline{AQ}^2 - 2\overline{AP} \cdot \overline{AQ}\cos 45°}$

$$= 15\sqrt{4 - \sqrt{3}} \text{ 公里}$$

4. 已知三邊長 (S.S.S.)

方法： ⑴用餘弦定律求出兩角之大小。

⑵用內角和定理求出第三個角之大小。

（註：兩邊長之和必須大於第三邊才有解。）

例 17 在 $\triangle ABC$ 中，已知 $a = \sqrt{2}$，$b = 2$，$c = \sqrt{3} - 1$，試解此三角形。

解　$\cos A = \dfrac{2^2 + (\sqrt{3} - 1)^2 - 2}{2 \cdot 2(\sqrt{3} - 1)} = \dfrac{\sqrt{3}}{2}$，$\therefore \angle A = 30°$

$\cos B = \dfrac{(\sqrt{3} - 1)^2 + 2 - 2^2}{2(\sqrt{3} - 1) \cdot \sqrt{2}} = -\dfrac{1}{\sqrt{2}}$，$\therefore \angle B = 135°$

$\therefore \angle C = 180° - \angle A - \angle B = 180° - 30° - 135° = 15°$

例 18 已知 $a = 2$, $b = 3$, $c = 4$，求 $\angle A$, $\angle B$, $\angle C$。

解 $\cos A = \dfrac{3^2 + 4^2 - 2^2}{2 \cdot 3 \cdot 4} = \dfrac{7}{8} = 0.8750$

$\Rightarrow \angle A = 28°57'$（查表）

$\cos B = \dfrac{2^2 + 4^2 - 3^2}{2 \cdot 2 \cdot 4} = \dfrac{11}{16} = 0.6875$

$\Rightarrow \angle B = 46°34'$

$\therefore \angle C = 180° - \angle A - \angle B = 180° - 28°57' - 46°34'$

$\qquad = 104°29'$

例 19 設 $\triangle ABC$ 中，$a : b : c = \sqrt{3} + 1 : \sqrt{3} - 1 : \sqrt{6}$，求 $\angle A, \angle B, \angle C$。

解 $a : b : c = \sqrt{3} + 1 : \sqrt{3} - 1 : \sqrt{6}$

$\Rightarrow \dfrac{a}{\sqrt{3} + 1} = \dfrac{b}{\sqrt{3} - 1} = \dfrac{c}{\sqrt{6}}$，令此比值為 k，則

$a = (\sqrt{3} + 1)k$, $b = (\sqrt{3} - 1)k$, $c = \sqrt{6}\,k$

$\cos A = \dfrac{b^2 + c^2 - a^2}{2bc} = \dfrac{(\sqrt{3} - 1)^2 k^2 + (\sqrt{6})^2 k^2 - (\sqrt{3} + 1)^2 k^2}{2(\sqrt{3} - 1)k \sqrt{6}\,k}$

$\qquad = \dfrac{3 - 2\sqrt{3} + 1 + 6 - 3 - 2\sqrt{3} - 1}{2\sqrt{6}(\sqrt{3} - 1)}$

$\qquad = \dfrac{6 - 4\sqrt{3}}{2\sqrt{6}(\sqrt{3} - 1)} = \dfrac{3 - 2\sqrt{3}}{\sqrt{6}(\sqrt{3} - 1)}$

$\qquad = \dfrac{(3 - 2\sqrt{3})(\sqrt{3} + 1)}{\sqrt{6}(\sqrt{3} - 1)(\sqrt{3} + 1)} = \dfrac{3\sqrt{3} - 6 + 3 - 2\sqrt{3}}{2\sqrt{6}}$

$\qquad = \dfrac{(\sqrt{3} - 3)\sqrt{6}}{12} = \dfrac{3(\sqrt{2} - \sqrt{6})}{12}$

$\qquad = -\dfrac{\sqrt{6} - \sqrt{2}}{4}$

$$\Rightarrow \angle A = 105°$$

$$\cos C = \frac{a^2 + b^2 - c^2}{2ab} = \frac{(\sqrt{3}+1)^2 + (\sqrt{3}-1)^2 - 6}{2(\sqrt{3}+1)(\sqrt{3}-1)} = \frac{1}{2}$$

$$\Rightarrow \angle C = 60°$$

$$\therefore \angle B = 180° - \angle A - \angle C = 15°$$

習 題 7-3

1. 已知 $\triangle ABC$ 三邊長為 3 公分、5 公分、6 公分，試求此 $\triangle$ 的面積。

2. $\triangle ABC$ 中，已知 $b = a(\sqrt{3}+1)$，$\angle C = 30°$，求 $\angle A$ 及 $\angle B$。

3. 已知直角三角形之面積為 6 平方公分，斜邊長為 5 公分，求其他二邊之長。

4. 在 $\triangle ABC$ 中，已知 $a = \sqrt{2}$，$b = 2$，$c = \sqrt{3}-1$，試解 $\triangle ABC$。

5. $\triangle ABC$ 中，已知 $a : b : c = \sqrt{3}+1 : \sqrt{3}-1 : \sqrt{6}$，求三內角。

6. 設 $\triangle ABC$ 中，三內角為 $2\theta, 3\theta, 4\theta$，其對邊依次為 a, b, c，試證

$$\frac{4b^2}{(a+c)^2} = 1 + \tan^2\theta。$$

7. 在 $\triangle ABC$ 中，試證 $(b^2 - c^2)\sin A = a^2 \sin(B-C)$。

7-4 平面測量

　　三角學在測量上是一個非常有力的工具，為了更進一步講述這方面的應用，讓我們先來介紹一些常見的測量術語。

　　除了前面已介紹的仰角與俯角之外，作實際測量工作時，**方位**也非常重要。除了東、西、南、北四個主要方位外，如下面圖 7-32 中，A 的

方位叫西北，B 的方位叫做在 O 點的北 30° 東，C 點的方位叫做在 O 點的東 60° 南。又北 45° 東、北 45° 西、南 45° 西、東 45° 南等常簡稱為東北、西北、西南，及東南。

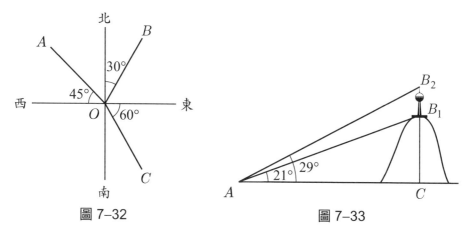

圖 7–32

圖 7–33

例 1　如上圖 7–33，在小山上有一塔，塔高為 $\overline{B_1B_2} = 35$ 公尺，我們想要求出山的高度，即 $\overline{B_1C}$。今在遠處 A 點量出點 B_1 的「仰角」$\angle CAB_1 = 21°$，點 B_2 的仰角 $\angle CAB_2 = 29°$，有了這些資料，我們就能解答這個問題了。（只需有個三角函數表！）想像 $\overline{AC}$ 長為 x，$\overline{CB_1} = y_1$，$\overline{CB_2} = y_2 \; (= y_1 + 35)$，於是我們有

$$\frac{\overline{CB_1}}{\overline{AC}} = \frac{y_1}{x} = \tan 21° = 0.3839 \cdots\cdots ①$$

$$\frac{\overline{CB_2}}{\overline{AC}} = \frac{y_2}{x} = \tan 29° = 0.5543 \cdots\cdots ②$$

因此 $\dfrac{y_2 - y_1}{x} = \dfrac{35}{x} = 0.5543 - 0.3839 = 0.1704$

（由②式減去①式）

算出 $x = \dfrac{35}{0.1704} = 205.4$ 公尺，

因而 $y_1 = 78.85$ 公尺。

例 2 如下圖，我們打算求 $\overline{BC}$ 的長，但中間有池沼隔住。

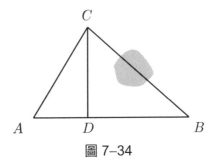

圖 7–34

解 假設我們找到 A 點，並量得 $\overline{AB} = 800$ 公尺，$\overline{AC} = 500$ 公尺，$\angle BAC = 65°$，這樣就能夠求得 $\overline{BC}$ 了！

想像我們作 $\overline{CD} \perp \overline{AB}$，交 $\overline{AB}$ 於點 D，則

$$\frac{\overline{AD}}{\overline{AC}} = \cos A = 0.4226$$

$$\frac{\overline{DC}}{\overline{AC}} = \sin A = 0.9063$$

由此算出 $\overline{DC} = 453.15$ 公尺

$\qquad\qquad \overline{AD} = 211.3$ 公尺

因此　　$\overline{DB} = 588.7$ 公尺

$$\overline{BC} = \sqrt{\overline{DB}^2 + \overline{CD}^2} = 739 \text{ 公尺}$$

隨堂練習 設有一湖泊，其沿岸最遠的兩點是 A 和 B。自 A 量到一點 C 得 $\overline{AC} = 100$ 公尺，自 B 量到 C 得 $\overline{BC} = 90$ 公尺，又量得 $\angle C = 80°$，求 $\overline{AB} = ?$

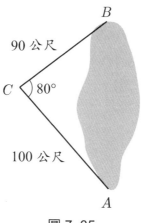

90 公尺

C 80°

100 公尺

B

A

圖 7-35

（註：利用餘弦定律。）

例3 有一個人站在 O 點望一座海上燈塔 P，發現此塔的方位是在 O 點的東 30° 北，此人再往東走 1000 公尺至 A 點，發現此塔的方位變成是在 A 點的東 60° 北，試求 $\overline{OP}$ 的距離（見下圖）。

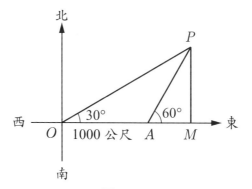

圖 7-36

解 $\tan 30° = \dfrac{1}{\sqrt{3}} = \dfrac{\overline{PM}}{1000 + \overline{AM}}$ ……①

$\tan 60° = \sqrt{3} = \dfrac{\overline{PM}}{\overline{AM}}$ ……②

$\dfrac{①}{②}$ 得：$\dfrac{1}{3} = \dfrac{\overline{AM}}{1000 + \overline{AM}}$

解之得 $\overline{AM} = 500$ 公尺，

代入②式得 $\sqrt{3} = \dfrac{\overline{PM}}{500}$，

$\therefore \overline{PM} = 500\sqrt{3} \approx 866$ 公尺

例 4 某人在一塔之正西 A 點，測得塔之仰角為 $60°$；在 A 點之正南方 B 點，測得塔之仰角為 $30°$。若 $\overline{CD} = 150$ 公尺，試求 $\overline{AB}$。

解 如下圖，塔高為 $\overline{CD}$，因 $\overline{CD}$ 垂直地平面，故 $\angle ACD$ 與 $\angle BCD$ 均為直角。

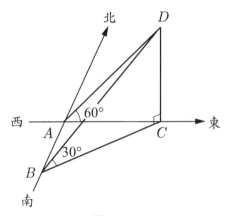

圖 7–37

$\overline{AC} = 150 \times \cot 60° = \dfrac{150}{\sqrt{3}}$

$\overline{BC} = 150 \times \cot 30° = 150\sqrt{3}$

由畢氏定理得知，在直角 $\triangle ABC$ 中，

$\overline{AB}^2 = \overline{BC}^2 - \overline{AC}^2$，故

$$\overline{AB} = \sqrt{(150\sqrt{3})^2 - (\frac{150}{\sqrt{3}})^2} = \sqrt{150^2 \cdot 3 - 150^2 \cdot \frac{1}{3}}$$

$$= \sqrt{150^2(3 - \frac{1}{3})} = 150\sqrt{\frac{8}{3}}$$

$$= 300\sqrt{\frac{2}{3}} = \frac{300\sqrt{6}}{3} = 100\sqrt{6} \ 公尺$$

隨堂練習　在 A, B 兩塔腳所連線段之中點，測得兩塔之仰角各為 $60°$ 及 $30°$（見圖 7–38），試問塔 A 之高為塔 B 之高的幾倍?

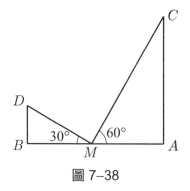

圖 7–38

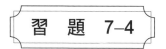

習　題　7–4

1. 有一條河流的寬度是 $\overline{AC}$（見圖 7–39），今有一人垂直 $\overline{AC}$，測得 $\overline{CB} = 200$ 公尺，並在 B 點測得 $\angle CBA = 39°$。試求河寬。

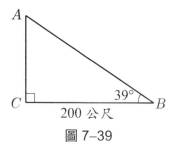

200 公尺

圖 7–39

2.有一小孩放風箏，放出 220 公尺的線，而風箏的仰角為 51°，試求風箏的高度。

3.海面上有一艘船，望見燈塔（見圖 7–40），欲測燈塔至船的距離。於是派出一隻小快艇，時速是每小時 16 公里。此快艇航行的方向與燈塔成 37°，30 分鐘後，發現燈塔與航行方向已成 90°，試求船至燈塔的距離。

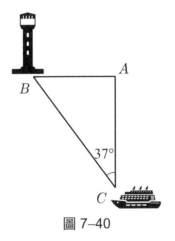

圖 7–40

4.已知等腰梯形之兩底分別為 17.6 公分與 32.4 公分，底角為 51°（見圖 7–41），試求兩腰與高之長。

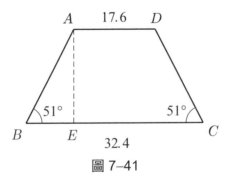

圖 7–41

5.設正十二邊形的每邊長是 12.8 公寸，試求此正十二邊形的內切圓與外接圓的半徑長。

6. 設等腰三角形的腰長是 346 公分，底邊長是 284 公分，試求此等腰三角形的三個內角。

7. 在圖 7–42 中，求四邊形 *ABCD* 的面積。

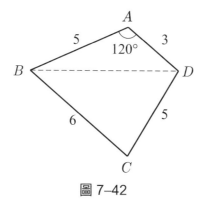

圖 7–42

第八章　反三角函數與 三角方程式

　　函數和**方程式**雖然是完全不同的東西，但是兩者之間具有密切的關係！方程式是函數的**制約**，函數是方程式的**解放**。

　　舉個例子來說，$f(x) = 3x^2 + 5x + 2$ 是個二次多項式，這就決定出一個二次函數 f。我們說過，函數就是「機器」，f 把 x 變為 $3x^2 + 5x + 2$，把 1 變為 10，把 0 變為 2，把 π 變為 47.4（大約）；但是，$f(x) = 0$，$f(x) = 10, \cdots$ 等等，就是方程式了。這相當於：知道了「產品」是 0，是 10，……要求出「原料」x 為何。

　　再舉一個例子，假設一斤白菜 30 元，那麼買 x 斤就是

$$y = f(x) = 30x \text{ 元} \tag{1}$$

這是一個**函數**，買白菜 x 斤就對應金額 y 元，白菜重量 x 是**獨立變數**，金額 y 是**應變數**，因應著 x 之變而變。x 是**主**，y 是**客**。

　　反過來，有時我們需要考慮「主與客」對調的情形，我們要問：y 元可買多少斤白菜？答案是

$$x = \frac{y}{30} \text{ 斤}$$

記成

$$x = f^{-1}(y) = \frac{y}{30} \tag{2}$$

這就是**反函數**的概念。我們稱 (1), (2) 兩函數互為反函數。

　　本章我們要探討，一個函數在什麼條件下存在有反函數，特別地，我們要研究反三角函數，以及相關的解三角方程式的問題。

8-1　反函數及其圖形

甲、反函數問題

所謂**反函數問題**是指：給一個**函數**（又叫**映射**）

$$f : A \longrightarrow B$$

定義域為 A，值域為 B，我們要問，順著 f 將 A 之元素 x 對應到 B 之元素 y 的路徑，逆向對應回去，即將 B 之元素 y 對應到 A 之元素 x，是否仍然為一個函數？

答案當然不一定，有時是，有時否。請看下面兩個例子。

例 1　考慮函數

$$f : \mathbb{R} \longrightarrow \mathbb{R}$$
$$\cup \qquad \cup$$
$$x \longrightarrow x^3 = y$$

定義為 $y = f(x) = x^3$，即 f 將 x 對應到 $y = x^3$。將 x 表成 y 得到 $x = \sqrt[3]{y}$，所以將 $y \in \mathbb{R}$ 對應回到 $x = \sqrt[3]{y} \in \mathbb{R}$，仍然是一個函數，就是反函數

$$f^{-1} : \mathbb{R} \longrightarrow \mathbb{R}$$
$$\cup \qquad \cup$$
$$y \longrightarrow \sqrt[3]{y} = x$$

例 2　令函數

$$f: \mathbb{R} \longrightarrow \mathbb{R}$$
$$\mathbb{U} \qquad \mathbb{U}$$
$$x \longrightarrow x^2$$

定義為 $y = f(x) = x^2$。那麼 f 將 $+2$ 與 -2 都對應到 4。逆回來就是將 4 對應到 $+2$ 與 -2，這違背了函數的定義，所以 f 不存在有反函數。∎

一般而言，「反函數」是相對於「原函數」而產生的，如果有一個函數

$$f: A \longrightarrow B \text{（定義域 } A, \text{ 值域 } B）$$

那麼，對於 A 中一個元素 x，就可以得到 B 中唯一的元素 $y = f(x)$ 來**對應**。x 是**因**或**原料**，y 是**果**或**產品**。

反函數問題就是要問，將一個函數的因（原料）與果（產品）互換之後，是否還是一個函數？

為什麼會提出這個問題呢？一方面是由解方程式而來；另一方面，函數是兩變數之間的一種特殊的對應關係，那一個變數是因（原料），那一個是果（產品），本來就很難說，因此我們需要從正、反兩面來看這件事，於是產生函數與反函數。

乙、存在反函數的條件

給一個函數

$$f: A \longrightarrow B$$
$$\mathbb{U} \qquad \mathbb{U}$$
$$x \longrightarrow f(x) = y$$

既然不一定存在有反函數，那麼我們自然要問：f 要滿足什麼條件，才會有反函數？

首先我們必須「反問」：任給 B 中的一個元素 y，可否找到 A 中的元素 x，使得 $y = f(x)$；即給果或產品，反求因或原料。

這個問題會有兩個困擾：

(1)給了 y，找不到 x。

(2)給了 y，原料 x 不止一個。

解決之道很清楚，我們必須對原函數 $f : A \longrightarrow B$ 作一些限制：如果函數 f 為**蓋射** (surjective)，即對 B 中的任一元素都存在有 A 的元素與之對應，那麼就沒有(1)之困擾。其次，若函數 f 為**嵌射** (injective)，即 A 中不同的元素必對應到 B 中不同的元素，那麼(2)的困擾也消失了。

蓋射兼**嵌射**，就叫做**對射** (bijective)。從前叫做「一對一的對應」(one to one correspondence)，現在已不通行了，它的缺點有：第一，不簡潔；第二，它可能指嵌射，也可能指對射，易生混淆。

為了解決這個問題才介紹**蓋射**、**嵌射**與**對射**的用語。

如果 f 為對射，則上述問題的答案是肯定的，即反函數存在，記為

$$f^{-1} : B \longrightarrow A$$

其定義為：當 $y = f(x)$ 時 $x = f^{-1}(y)$。參見圖 8–1。

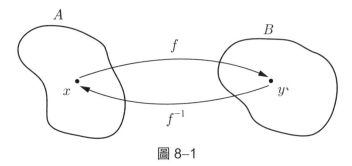

圖 8–1

　　若原來的對射函數為 $f: x \longrightarrow y = f(x)$，則其反函數應該為 $f^{-1}:$ $y \longrightarrow x = f^{-1}(y)$，但通常我們都用 x 當獨立變數，y 當應變數，這樣才符合我們作函數圖形的習慣。故今後反函數就寫成 $f^{-1}: x \longrightarrow y = f^{-1}(x)$。

例 3　令 A 表某校學生的集合，B 表這些學生的姓名所成的集合（假設沒有同名同姓的人）。將每一個學生對應到他的姓名，則這種對應就是一個函數，而且是蓋射兼嵌射。其反函數就是把姓名對應到學生。　　■

丙、反函數的圖形

　　下面我們來討論反函數的圖形。設函數 $f: A \longrightarrow B$ 有反函數 $f^{-1}:$ $B \longrightarrow A$，則根據反函數的定義知，點 (a, b) 為 $y = f(x)$ 圖形上之一點的充要條件是 (b, a) 為 $y = f^{-1}(x)$ 的圖形上一點。但由下圖知，(a, b) 與 (b, a) 對稱於直線 $y = x$：

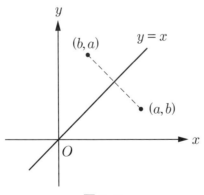

圖 8–2

因此只要我們作出原函數 $y = f(x)$ 的圖形，再對直線 $y = x$ 作它的對稱圖形，就得到反函數 $y = f^{-1}(x)$ 的圖形了。參見圖 8–3。

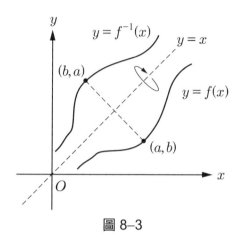

圖 8–3

例 4　立方函數 $y = x^3$ 之反函數為開立方函數 $y = \sqrt[3]{x}$。見圖 8–4。

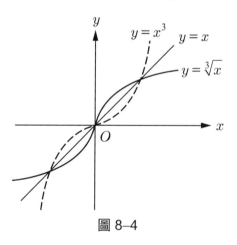

圖 8–4

隨堂練習　五次方函數

$$f : x \in \mathbb{R} \longrightarrow x^5 \in \mathbb{R}$$

是嵌射？還是對射？反函數是什麼？

丁、取主值

平方函數 $y = f(x) = x^2$，若看成是從 $\mathbb{R}$ 到 $\mathbb{R}$ 的函數，則既不是嵌射，因為 $3^2 = (-3)^2 = 9$，也不是蓋射，因為對於 -4，並沒有一個實數 x，使得 $x^2 = -4$。所以，平方函數沒有反函數！

一個函數存在反函數之條件為它是個對射。像平方函數沒有反函數，該怎麼辦？這就用**取主值**的辦法！

我們可以縮小值域，那麼函數就可能變成蓋射，例如平方函數取不到負值，我們就把值域改為非負實數系 $\mathbb{R}_+ = [0, \infty)$。那麼就成了蓋射，不過它仍不是嵌射，因為 $3^2 = (-3)^2$。如果我們再縮小定義域，就可以使它成為嵌射。例如縮小成非正實數系 $\mathbb{R}_- = (-\infty, 0]$，或者非負實數系 $\mathbb{R}_+$ 都可以！通常的習慣取後者！這反函數就記做 $\sqrt[2]{}$（或 $\sqrt{}$）。這是反平方函數之主值，即**開平方函數**：

$$f^{-1} : x \in \mathbb{R}_+ \longrightarrow \sqrt{x} \in \mathbb{R}_+$$

例5　$4^2 = 16$，故 $\sqrt{16} = 4$，但是 $(-4)^2 = 16$ 卻沒有 $\sqrt{16} = -4$。　∎

換句話說，平方之反平方不必回到原物，這是由於主值的規約！如果 $y^2 = x \geq 0$，那麼 y 不必等於 $\sqrt{x}$，而可以是 $-\sqrt{x}$；如果要找 x 使得 $x^2 = 16$，x 有一解是 16 之反平方的主值，即 4。另外一解是 -4。兩者合起來叫做 16 之反平方的**通值**。一般地，$x \geq 0$ 時，其反平方之**主值**為 $\sqrt{x}$ (≥ 0)，而**通值**有兩個，是 $\pm\sqrt{x}$。

隨堂練習　sin 及 cos，值域該如何縮小，才成為蓋射？sec 及 csc 呢？

$$\boxed{\text{習　題　8-1}}$$

1. 求作下列函數的反函數之圖形：

(1) $y = 5 - 2x$
(2) $y = x^2 + 1,\ x \geq 0$

2. 求下列各函數的反函數，並且作其圖形：

(1) $y = 2x + 4$
(2) $y = x^2 + 1,\ x \leq 0$

(3) $y = 1 - \dfrac{1}{3}x$
(4) $y = \dfrac{1}{x - 1},\ x \neq 1$

3. 設 a, b 為實數，其中 $a \neq 0$，試證函數 $f(x) = ax + b$ 的反函數為

$$f^{-1}(x) = a^{-1}x - \frac{b}{a}。$$

8-2　反三角函數

在上一節裡我們說過，一個對射函數（即嵌射加上蓋射），才有反函數。但是三角函數並不是對射函數，因為有許多不同的角度可以對應到相同的函數值，例如 $\sin 30° = \sin 150° = \sin(2n\pi + 30°) = \dfrac{1}{2}$。那麼我們要如何談反三角函數呢？以前我們討論平方函數時，也發生過同樣的困難，即該函數不是對射函數，為此我們特別縮小或限制定義域，使其變為對射函數。

對於三角函數也一樣，只要我們把定義域加以限制，就可以使其為對射函數，因而可以談論其反函數。我們可以有種種限制定義域的辦法，使之變成對射函數。例如考慮正弦函數 $y = \sin x$，我們作如下的限制：

$$\sin : [-\frac{\pi}{2},\ \frac{\pi}{2}] \longrightarrow [-1,\ 1]$$

$$\sin : [\frac{\pi}{2}, \frac{3\pi}{2}] \longrightarrow [-1, 1]$$

$$\sin : [-\frac{3\pi}{2}, -\frac{\pi}{2}] \longrightarrow [-1, 1]$$

等等都是對射函數。到底是取那一個呢？這又牽涉到規約的問題，習慣上我們限制其定義域為 $[-\frac{\pi}{2}, \frac{\pi}{2}]$，即取

$$\sin : [-\frac{\pi}{2}, \frac{\pi}{2}] \longrightarrow [-1, 1]$$
$$\cup \qquad\qquad \cup$$
$$x \qquad \longrightarrow y = \sin x$$

定義為 $y = \sin x$，這是一個對射函數，其反函數

$$\sin^{-1} : [-1, 1] \longrightarrow [-\frac{\pi}{2}, \frac{\pi}{2}]$$
$$\cup \qquad\qquad \cup$$
$$y \qquad \longrightarrow x = \sin^{-1} y$$

定義為 $x = \sin^{-1} y$。再把 x, y 的記號對調，即得**反正弦函數** $y = \sin^{-1} x$，$\sin^{-1}$ 唸作 arcsine。特別情形，我們有 $\sin^{-1}\frac{1}{2} = \frac{\pi}{6}$，$\sin^{-1}\frac{\sqrt{2}}{2} = \frac{\pi}{4}$，$\sin^{-1}\frac{\sqrt{3}}{2} = \frac{\pi}{3}$，$\sin^{-1} 0.8490 = 58.1°$ 等等，請注意，當 $a \in [-1, 1]$ 時，$\theta = \sin^{-1} a$ 為一介乎 $-\frac{\pi}{2}$ 與 $\frac{\pi}{2}$ 之間的角度，叫做滿足方程式 $\sin\theta = a$ 的**主值**。說得更清楚一點，我們知道滿足方程式 $\sin\theta = a$ 的角度有**無窮多個**，其中只有一個介乎 $-\frac{\pi}{2}$ 與 $\frac{\pi}{2}$ 之間，這個角度就是主值。

隨堂練習 求下列各角度：

(1) $\sin^{-1} 0.2351$ (2) $\sin^{-1} 0.9553$ (3) $\sin^{-1} 0.4452$

同樣的道理，對於餘弦函數 $y = \cos x$，習慣上我們限制其定義域為 $[0,\,\pi]$，即

$$\cos : [0,\,\pi] \longrightarrow [-1,\,1]$$

則其反函數

$$\cos^{-1} : [-1,\,1] \longrightarrow [0,\,\pi]$$

叫做**反餘弦函數**。$\cos^{-1}$ 唸作 arccosine。

對於 $a \in [-1,\,1]$，我們稱 $\cos^{-1} a$ 叫做滿足 $\cos x = a$ 的**主值**。

例 1 $\cos^{-1} \dfrac{1}{2} = \dfrac{\pi}{3}$, $\cos^{-1} \dfrac{\sqrt{2}}{2} = \dfrac{\pi}{4}$, $\cos^{-1} \dfrac{\sqrt{3}}{2} = \dfrac{\pi}{6}$

$\cos^{-1}(-0.93968) = 160°$, $\cos^{-1}(-0.5) = 120°$

隨堂練習   求下列各角度：

(1) $\cos^{-1} 0.97808$

(2) $\cos^{-1} 0.99981$

(3) $\cos^{-1} 0.02391$

對於正切函數 $y = \tan x$，我們習慣上限制定義域為 $(-\dfrac{\pi}{2},\,\dfrac{\pi}{2})$，亦即

$$\tan : (-\dfrac{\pi}{2},\,\dfrac{\pi}{2}) \longrightarrow (-\infty,\,\infty)$$

則其反函數

$$\tan^{-1} : (-\infty,\,\infty) \longrightarrow (-\dfrac{\pi}{2},\,\dfrac{\pi}{2})$$

叫做**反正切函數**。當 $a \in (-\infty,\,\infty)$ 時，$\tan^{-1} a$ 叫做滿足 $\tan x = a$ 的**主值**。

例 2　$\tan^{-1} 0.36397 = 70°$, $\tan^{-1} 1 = \dfrac{\pi}{4}$, $\tan^{-1} \dfrac{1}{\sqrt{3}} = \dfrac{\pi}{6}$　　■

隨堂練習　求下列各角度：

(1) $\tan^{-1} 12.271$

(2) $\tan^{-1} 0.86901$

(3) $\tan^{-1} 0.46430$

仿上述的辦法，將餘切函數的定義域限制為 $(0, \pi)$，則

$$\cot : (0, \pi) \longrightarrow (-\infty, \infty)$$

為一對射函數，其反函數

$$\cot^{-1} : (-\infty, \infty) \longrightarrow (0, \pi)$$

叫做**反餘切函數**。對於 $a \in (-\infty, \infty)$，$\cot^{-1} a$ 叫做滿足 $\cot x = a$ 的**主值**。

同理，正割函數

$$\sec : [0, \dfrac{\pi}{2}) \cup (\dfrac{\pi}{2}, \pi] \longrightarrow (-\infty, -1] \cup [1, \infty)$$

的反函數

$$\sec^{-1} : (-\infty, -1] \cup [1, \infty) \longrightarrow [0, \dfrac{\pi}{2}) \cup (\dfrac{\pi}{2}, \pi]$$

叫做**反正割函數**。當 $a \in (-\infty, -1] \cup [1, \infty)$ 時，$\sec^{-1} a$ 叫做滿足 $\sec x = a$ 的**主值**。

餘割函數

$$\csc : [-\dfrac{\pi}{2}, 0) \cup (0, \dfrac{\pi}{2}] \longrightarrow (-\infty, -1] \cup [1, \infty)$$

的反函數為

$$\csc^{-1}: (-\infty, -1] \cup [1, \infty) \longrightarrow [-\frac{\pi}{2}, 0) \cup (0, \frac{\pi}{2}]$$

叫做**反餘割函數**。當 $a \in (-\infty, -1] \cup [1, \infty)$ 時，$\csc^{-1} a$ 叫做滿足 $\csc x = a$ 的**主值**。

$$\boxed{習\quad 題\quad 8\text{-}2}$$

1. 求下列各角度：

(1) $\tan^{-1} 10.78$

(2) $\cos^{-1} 0.0332$

(3) $\tan^{-1} 1.1423$

(4) $\sec^{-1} 1.9992$

(5) $\csc^{-1} 1.8980$

(6) $\cos^{-1} 0.3732$

(7) $\cot^{-1} 0.1315$

(8) $\tan^{-1} 0.5920$

(9) $\tan^{-1} 1$

(10) $\sin^{-1}(-0.7071)$

(11) $\sec^{-1} 19.11$

(12) $\csc^{-1}(-\frac{\sqrt{3}}{2})$

2. 求作六個反三角函數的圖形。

8-3 三角方程式

一個方程式中，含有未知角的三角函數時，叫做三角方程式，例如 $\sin\theta + \cos\theta = 1$。求滿足三角方程式中未知角之值的過程，叫做解三角方程式，其中最簡單的一種，是反查三角函數值表。

例 1 求 θ 使得 $\sin\theta = \frac{1}{2}$。

解　滿足 $\sin\theta = \dfrac{1}{2}$ 的角度 θ 有無窮多個，即

$$\theta = \frac{\pi}{6}, \frac{5\pi}{6}, \frac{13\pi}{6}, \frac{17\pi}{6}, \cdots, -\frac{17}{6}\pi, -\frac{11}{6}\pi, \cdots, \quad 見下圖：$$

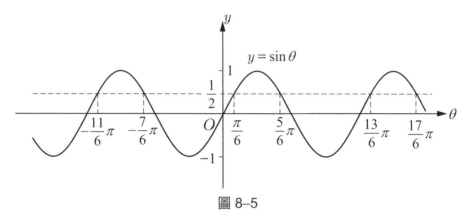

圖 8–5

但是這些解答總是可以歸納成

$$\theta = 2n\pi + \frac{\pi}{6}, \hat{\theta} = 2n\pi + \frac{5\pi}{6}$$

的形式，其中 n 為任意整數。

由於 $\theta = 2n\pi + \dfrac{5\pi}{6} = (2n+1)\pi - \dfrac{\pi}{6}$，故滿足 $\sin\theta = \dfrac{1}{2}$ 的 θ 可以

整理寫成單獨一個式子：

$$\theta = n\pi + (-1)^n \frac{\pi}{6}, \ n \in \mathbb{Z}$$

這就是 $\sin\theta = \dfrac{1}{2}$ 的**通解公式**，因為主值為 $\sin^{-1}\dfrac{1}{2} = \dfrac{\pi}{6}$，所以又

可以寫成

$$\theta = n\pi + (-1)^n \sin^{-1}\left(\frac{1}{2}\right), \ n \in \mathbb{Z}$$

這就是 $\sin\theta = \dfrac{1}{2}$ 的所有解答的一般公式，叫做**通值公式**。∎

一般而言，設 $a \in [-1, 1]$，則滿足 $\sin\theta = a$ 的主值為 $\sin^{-1}a$，而其通值為

$$\theta = n\pi + (-1)^n \sin^{-1}a, \ n \in \mathbb{Z}$$

這就是「反正弦的通值」公式。

例2 解 $\sin\theta = -\dfrac{\sqrt{3}}{2}$ 的 θ。

解 主值為 $\sin^{-1}(-\dfrac{\sqrt{3}}{2}) = -\dfrac{\pi}{3}$，通值為

$$\theta = n\pi + (-1)^n(-\dfrac{\pi}{3}) = n\pi - (-1)^n(\dfrac{\pi}{3})$$

例3 解 $\sin 3\theta = \dfrac{\sqrt{2}}{2}$。

解 取反正弦時得主值 $3\theta = \dfrac{\pi}{4}$，故通值為 $3\theta = n\pi + (-1)^n\dfrac{\pi}{4}$, $n \in \mathbb{Z}$，由此得，通解 $\theta = \dfrac{n\pi}{3} + (-1)^n\dfrac{\pi}{12}$, $n \in \mathbb{Z}$。

其次考慮反餘弦函數：

例4 求 θ 使得 $\cos\theta = -\dfrac{\sqrt{3}}{2}$。

解 滿足 $\cos\theta = -\dfrac{\sqrt{3}}{2}$ 的角度 $\theta = \pm\dfrac{5\pi}{6}, \pm\dfrac{7\pi}{6}, 2\pi \pm \dfrac{5\pi}{6}, 2\pi \pm \dfrac{7\pi}{6}, \cdots$，參見圖 8–6。

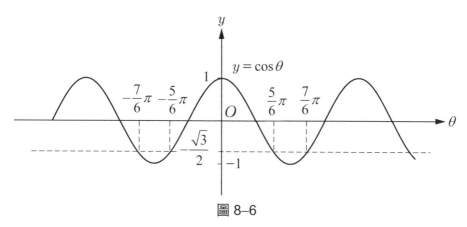

圖 8–6

這些解答總是可以歸結成

$$\theta = 2n\pi \pm \frac{5\pi}{6}$$

的形式，其中 $n \in \mathbb{Z}$，亦即

$$\theta = 2n\pi \pm \cos^{-1}(-\frac{\sqrt{3}}{2}), \ n \in \mathbb{Z}$$

為通解的公式。

　一般而言，若 $a \in [-1, 1]$，則滿足 $\cos \theta = a$ 的主值為 $\cos^{-1} a$，而通值為

$$\theta = 2n\pi \pm \cos^{-1} a, \ n \in \mathbb{Z}$$

例 5　解 $\cos \theta = 0.9558$。

解　查表得知，主值 $\theta = \cos^{-1} 0.9558 = 17.1°$，所以通值為

$$\theta = 2n\pi \pm 17.1°$$

例 6　解 $\tan\theta = 1$。

解　滿足 $\tan\theta = 1$ 的角度有 $\theta = \dfrac{\pi}{4}$, $\pi + \dfrac{\pi}{4}$, $-\pi + \dfrac{\pi}{4}$, ⋯ 等等。

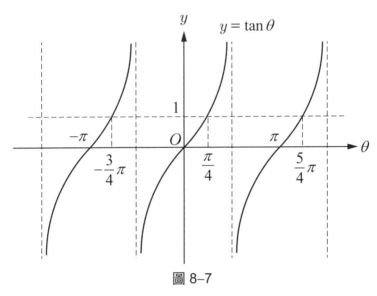

圖 8–7

這些解答總可以表成一個式子：

$$\theta = n\pi + \frac{\pi}{4}, \ n \in \mathbb{Z}$$

這就是通解公式。

一般而言，設 $a \in (-\infty, \infty)$，則滿足 $\tan\theta = a$ 的主值為 $\theta = \tan^{-1}a$，而通值為

$$\theta = n\pi + \tan^{-1}a$$

同理，設 $a \in (-\infty, \infty)$，則滿足 $\cot\theta = a$ 的主值為 $\theta = \cot^{-1}a$，而通值為

$$\theta = n\pi + \cot^{-1}a$$

設 $a \in (-\infty, -1] \cup [1, \infty)$，則滿足 $\sec\theta = a$ 的主值為 $\theta = \sec^{-1} a$，通值為

$$\theta = 2n\pi \pm \sec^{-1} a$$

設 $a \in (-\infty, -1] \cup [1, \infty)$，則滿足 $\csc\theta = a$ 的主值為 $\theta = \csc^{-1} a$，通值為

$$\theta = n\pi + (-1)^n \csc^{-1} a$$

總結上述，我們列出下表，其中 $n \in \mathbb{Z}$：

三角方程式 ＼ 值	主值範圍	通值公式
$\sin\theta = a,\ -1 \le a \le 1$	$-\dfrac{\pi}{2} \le \sin^{-1} a \le \dfrac{\pi}{2}$	$n\pi + (-1)^n \sin^{-1} a$
$\cos\theta = a,\ -1 \le a \le 1$	$0 \le \cos^{-1} a \le \pi$	$2n\pi \pm \cos^{-1} a$
$\tan\theta = a,\ -\infty < a < \infty$	$-\dfrac{\pi}{2} < \tan^{-1} a < \dfrac{\pi}{2}$	$n\pi + \tan^{-1} a$
$\cot\theta = a,\ -\infty < a < \infty$	$0 < \cot^{-1} a < \pi$	$n\pi + \cot^{-1} a$
$\sec\theta = a$	$0 \le \sec^{-1} a < \dfrac{\pi}{2}$	
$a \in (-\infty, -1] \cup [1, \infty)$	$\dfrac{\pi}{2} < \sec^{-1} a \le \pi$	$2n\pi \pm \sec^{-1} a$
$\csc\theta = a$	$-\dfrac{\pi}{2} \le \csc^{-1} a < 0$	
$a \in (-\infty, -1] \cup [1, \infty)$	$0 < \csc^{-1} a \le \dfrac{\pi}{2}$	$n\pi + (-1)^n \csc^{-1} a$

例 7　求滿足 (1) $\cot\theta = -\sqrt{3}$，(2) $\sec\theta = -\sqrt{2}$ 及 (3) $\csc\theta = 2$ 的主值與通值。

解　(1)主值為 $\theta = \dfrac{5\pi}{6}$，通值為 $\theta = n\pi + \dfrac{5\pi}{6}$, $n \in \mathbb{Z}$。

(2)主值為 $\theta = \dfrac{3\pi}{4}$，通值為 $\theta = 2n\pi \pm \dfrac{3\pi}{4}$, $n \in \mathbb{Z}$。

(3)主值為 $\theta = \dfrac{\pi}{6}$，通值為 $\theta = n\pi + (-1)^n \dfrac{\pi}{6}$, $n \in \mathbb{Z}$。

例 8 解 $\cos^6\theta - \sin^6\theta = 0$。

解 分解因式

$(\cos^2\theta - \sin^2\theta)(\cos^4\theta + \sin^2\theta\cos^2\theta + \sin^4\theta) = 0$

$\Rightarrow \cos 2\theta[(\cos^2\theta + \sin^2\theta)^2 - \sin^2\theta\cos^2\theta] = 0$

$\Rightarrow \cos 2\theta[1 - \dfrac{1}{4}\sin^2 2\theta] = 0$

所以 $\cos 2\theta = 0$ 或 $\sin^2 2\theta = 4$，

當 $\cos 2\theta = 0$ 時，則由通值公式 $2\theta = 2n\pi \pm \dfrac{\pi}{2}$，

$\therefore \theta = n\pi \pm \dfrac{\pi}{4}$

至於 $\sin^2 2\theta = 4 > 1$，因為大於 1，所以不合理，棄掉。 ∎

例 9 解 $\sin\dfrac{\pi}{8}\cos x + \cos\dfrac{\pi}{8}\sin x = 1$。

解 原方程式可以變成 $\sin(x + \dfrac{\pi}{8}) = 1$，

取反正弦之通值得到 $x + \dfrac{\pi}{8} = n\pi + (-1)^n\dfrac{\pi}{2}$。

$\therefore x = (n\pi - \dfrac{\pi}{8}) + (-1)^n\dfrac{\pi}{2}$ ∎

例 10 解 $\sin^4 x + \cos^4 x = \dfrac{1}{2}\sin 2x$。

解 為了配方，兩邊同加 $2\sin^2 x\cos^2 x$ 得

$(\sin^2 x + \cos^2 x)^2 = \dfrac{1}{2}\sin 2x + 2\sin^2 x\cos^2 x$

$\Rightarrow 1 = \dfrac{1}{2}\sin 2x + \dfrac{1}{2}(\sin 2x)^2$

即 $\sin^2 2x + \sin 2x - 2 = 0$

$\Rightarrow (\sin 2x + 2)(\sin 2x - 1) = 0$

因 $\sin 2x + 2 \neq 0$，故只有 $\sin 2x = 1$，取反正弦之通值得

$$2x = n\pi + (-1)^n \frac{\pi}{2}, \; x = \frac{1}{2}n\pi + (-1)^n \frac{\pi}{4}$$

例 11 解方程式 $\cos 2x + 4\sin^2 x - \cos x - 2 = 0$。

解 把 $\cos 2x$ 化為 $2\cos^2 x - 1$，把 $\sin^2 x$ 化為 $1 - \cos^2 x$，

於是原方程式變成

$$(2\cos^2 x - 1) + 4(1 - \cos^2 x) - \cos x - 2 = 0$$

$$\Rightarrow -2\cos^2 x - \cos x + 1 = 0$$

$$\Rightarrow -(2\cos x - 1)(\cos x + 1) = 0$$

$$\Rightarrow \cos x = \frac{1}{2} \text{ 或 } \cos x = -1$$

$$\therefore x = 2n\pi \pm \frac{\pi}{3} \text{ 或 } x = (2n+1)\pi, \; n \in \mathbb{Z}$$

（註：本例是八十四學年度大學聯考自然組的數學試題。）

習　題　**8-3**

1. 試求下列各式的通解：

(1) $\cos \theta = 0$

(2) $\tan 2\theta = 1$

(3) $\sec \dfrac{\theta}{3} = \sqrt{2}$

(4) $\tan(\theta - \dfrac{\pi}{4}) = -\sqrt{3}$

(5) $\sin \dfrac{\theta}{2} = 0.9553$

(6) $\cos \theta = 0.3732$

(7) $\cot 2\theta = 0.1315$

(8) $\tan 3\theta = 10.78$

2. 求下列各數：

(1) $\sin^{-1} \dfrac{1}{2}$

(2) $\sin^{-1} 0$

(3) $\cos^{-1} \dfrac{1}{2}$

(4) $\cos^{-1} 0$

(5) $\tan^{-1} \dfrac{\sqrt{3}}{3}$

(6) $\cot^{-1}(-1)$

(7) $\csc^{-1} \sqrt{2}$

(8) $\sin^{-1}(-0.39)$

(9) $\tan^{-1}(-3)$

3. 解下列三角方程式：

(1) $\sec x + \tan x = \sqrt{3}$

(2) $\tan(\theta + \dfrac{\pi}{4}) - \tan(\theta - \dfrac{\pi}{4}) = 4$

(3) $\csc^2 x + 2\cot^2 x - 5\csc x = 0$

(4) $\sqrt{3} \cos x + \sin x = 2$

(5) $\sin x + \sin 2x + \sin 3x = 0$

第九章　複數及進一步的
　　　　　方程式論

實數系夠用了嗎？不夠！例如方程式 $x^2 + 1 = 0$ 在實數系中無解。因為任何實數的平方一定大於等於 0，再加 1，不可能等於 0。於是我們引入記號 i，看成一個代數的文字符號，具有 $i^2 = -1$ 之性質。換言之，i 為 $x^2 + 1 = 0$ 的一個解答（另一解是 $-i$）。我們稱 i 為**虛數**單位。

形如 $a + bi$ 的數叫做**複數**，其中 $a, b \in \mathbb{R}$。所有複數全體所成的集合叫做**複數系**，記為

$$\mathbb{C} = \{ a + bi : a, b \in \mathbb{R} \}$$

對於一個複數 $a + bi$，我們稱 a 為其**實部**，b 為其**虛部**。複數是虛、實兩部分的複合。實部為 0 的複數稱為**純虛數**，如 $2i, -3i$。

我們注意到，當 $b = 0$ 時，$a + bi$ 就變成實數 a，故複數系包含實數系，亦即複數系是實數系的延拓。

虛實原理

若複數 $a + bi = $ 複數 $c + di$，其中 a, b, c, d 都是實數，則 $a = c$ 且 $b = d$。這原理就是：兩個複數相等，若且唯若實部等於實部，虛部等於虛部；而複數的一個等式，就等於兩個實數的等式！

證明 移項，得到 $a - c = (b - d)i$；平方得 $(a - c)^2 = -(b - d)^2$，於是只有 $a - c = 0 = b - d$ 才能成立。 ∎

例 1 設 x, y 均為實數，求適合 $(3x + 5yi) + (2y - 5xi) = 12 + 5i$ 之 x, y 值。

解 由上式得 $(3x + 2y) + (5y - 5x)i = 12 + 5i$，

再由虛實原理得 $\begin{cases} 3x + 2y = 12 \\ 5y - 5x = 5 \end{cases}$。

解聯立方程式得 $x = 2$, $y = 3$。 ■

對於解方程式而言，複數系比實數系更完備，例如著名的代數基本定理告訴我們：任何多項方程式 $a_n x^n + a_{n-1} x^{n-1} + \cdots + a_1 x + a_0 = 0$，$n \geq 1$，在複數領域中一定存在有解答。另外，複數系在數學與數理物理學的各個分支中都扮演著非常重要的角色。

9-1 複數的四則運算

我們只要將 i 看成一個代數運算符號（如多項式中的 x），並且記住 $i^2 = -1$ 的性質，以作為化簡的依據，那麼就可以仿照多項式的四則運算（參見第二章）來作複數的四則運算。

定 義 1

⑴加法：$(a + bi) + (c + di) = (a + c) + (b + d)i$

⑵減法：$(a + bi) - (c + di) = (a - c) + (b - d)i$

換言之，兩複數相加就是實部加實部，虛部加虛部；兩複數相減就是實部減實部，虛部減虛部。

例 2 求和：$(3 + 4i) + (\frac{1}{2} - 3i)$。

解 $(3 + 4i) + (\frac{1}{2} - 3i) = (3 + \frac{1}{2}) + (4 - 3)i$

$$= \frac{7}{2} + i$$ ■

例 3　求 $-8 + 3\sqrt{2}i$ 減去 $-6 + 5\sqrt{2}i$ 的差。

解　$(-8 + 3\sqrt{2}i) - (-6 + 5\sqrt{2}i)$

$= (-8 + 3\sqrt{2}i) + (6 - 5\sqrt{2}i)$

$= (-8 + 6) + (3\sqrt{2} - 5\sqrt{2})i = -2 - 2\sqrt{2}i$　∎

　　現在來討論兩複數 $(a + bi)$ 與 $(c + di)$ 的乘法：仿照多項式的乘法，我們得到

$$(a + bi) \cdot (c + di) = ac + adi + bci + bdi^2$$
$$= ac + (ad + bc)i + bdi^2$$
$$= ac + (ad + bc)i + (-1)bd$$
$$= ac - bd + (ad + bc)i$$
$$= (ac - bd) + (ad + bc)i$$

定　義 2

(3)乘法：$(a + bi) \cdot (c + di) = (ac - bd) + (ad + bc)i$

例 4　求 $(2 - 3i) \cdot (4 + 5i)$ 的值。

解
$$
\begin{array}{r}
2 - 3i \\
\times)\ 4 + 5i \\
\hline
8 - 12i \\
+)\quad + 10i - 15i^2 \\
\hline
\end{array}
$$
$8 - 2i - 15i^2 = 8 - 2i - (-1) \cdot 15$
$= 8 + 15 - 2i = 23 - 2i$　∎

　　今後，一個複數 $a + bi$ 常用單一個字母 z 來表示，亦即 $z = a + bi$。

今設 $z = a + bi$ 為一個複數，則我們稱 $a - bi$ 為 $a + bi$ 的**共軛複數**，記為

$\bar{z}$，即 $\bar{z} = a - bi$。同樣我們也稱 $a + bi$ 為 $a - bi$ 的共軛複數，因而 $a + bi$ 與 $a - bi$ 互為共軛複數！ 共軛複數的一個應用，就是可簡化兩複數的除法運算，將於下面介紹。

（註： $\bar{\bar{z}} = z$，即一個複數的共軛的共軛等於自身！）

例 5 $2 - 3i$ 的共軛複數為 $2 + 3i$；

$-\dfrac{1}{2} - \sqrt{7}i$ 的共軛複數為 $-\dfrac{1}{2} + \sqrt{7}i$；

$1000 + 200\pi i$ 的共軛複數為 $1000 - 200\pi i$，等等。 ∎

為了談複數的除法，首先我們注意到一個複數跟其共軛複數的乘積：

$$(a + bi)(a - bi) = a^2 - abi + abi - b^2 i^2$$
$$= a^2 - (ab - ab)i - (-1)b^2$$
$$= a^2 + b^2 + 0i = a^2 + b^2$$

結果是一個實數！ 我們也可以利用乘法公式

$$(a + b)(a - b) = a^2 - b^2$$

得到上述的結果：

$$(a + bi)(a - bi) = a^2 - (bi)^2$$
$$= a^2 - i^2 b^2$$
$$= a^2 - (-1)b^2$$
$$= a^2 + b^2$$

例 6　$(3+4i)(3-4i) = 3^2 + 4^2 = 9 + 16 = 25$　■

複數的除法運算，要用到共軛複數的工具：

$$\frac{a+bi}{c+di} = \frac{a+bi}{c+di} \cdot \frac{c-di}{c-di} \text{（分子分母同乘以分母的共軛複數）}$$

$$= \frac{(a+bi)(c-di)}{c^2+d^2}$$

$$= \frac{(ac+bd)-(ad-bc)i}{c^2+d^2}$$

$$= \frac{ac+bd}{c^2+d^2} - \frac{ad-bc}{c^2+d^2}i$$

其中我們當然要假定 $c+di \neq 0+0i$，亦即 c, d 不同時為 0。特別地，

$$\frac{1}{c+di} = \frac{c}{c^2+d^2} - \frac{d}{c^2+d^2}i。$$

定　義 3

(4)除法：$\dfrac{a+bi}{c+di} = \dfrac{ac+bd}{c^2+d^2} + \dfrac{bc-ad}{c^2+d^2}i$，　其中 $c \neq 0$ 或 $d \neq 0$

例 7　求 $(5-10i) \div (3+4i)$ 之值。

解　$\dfrac{5-10i}{3+4i} = \dfrac{5-10i}{3+4i} \cdot \dfrac{3-4i}{3-4i} = \dfrac{(15-40)-(20+30)i}{3^2+4^2}$

$$= \frac{-25-50i}{9+16} = -1-2i$$　■

例 8　求 $3i \div (2-3i)$ 之值。

解　$\dfrac{3i}{2-3i} = \dfrac{0+3i}{2-3i} \cdot \dfrac{2+3i}{2+3i} = \dfrac{-9+6i}{2^2+3^2}$

$$= \frac{-9+6i}{13} = -\frac{9}{13} + \frac{6}{13}i$$　■

隨堂練習 試計算下列各式的值：

(1) $(3+4i)-2i+(3-4i)$ (2) $(2-6i)+(3+i)-2i$

(3) $-2(1+3i)+(3i)^3$ (4) $(1-3i)(2+i)$

(5) $(3+i)^2+2i$ (6) $\dfrac{(-7+4i)+2(5+i)}{3+2i}$

(7) $(2+3i)^3 \div (3+i)$

隨堂練習 設 $z=x+yi$，試求下列各複數的實部與虛部：

(1) $\dfrac{1}{z^4}$ (2) $\dfrac{1}{z+1}$

(3) $\dfrac{1}{z^2}$ (4) $\dfrac{z-1}{z+1}$

例 9 $i^2=-1$, $i^3=-i$, $i^4=1$, $i^5=i$, $i^6=i^2=-1$, $i^7=i^3=-i$, $i^8=i^4=1$ 等等，為什麼？

解 因為 $i^2=-1$，所以 $i^3=i^2 \cdot i=-1 \cdot i=-i$, $i^4=i^2 \cdot i^2=(-1) \cdot (-1)=1$, $i^5=i^4 \cdot i=1 \cdot i=i$ 等等。 ■

　　由這個例子，我們看出對任何自然數 n 而言，i^n 不外是 i, -1, $-i$, 1 四個值在那兒輪換，就好像一年四季的變換一樣！i^n 到底等於那一個值呢？當 n 可被 4 除盡時，$i^n=1$；當 n 被 4 除餘 1 時，$i^n=i$；當 n 被 4 除餘 2 時，$i^n=-1$；當 n 被 4 除餘 3 時，$i^n=-i$。

隨堂練習 (1) $i^{99}=?$ $i^{401}=?$ $i^{124}=?$

(2) 2^{100} 的個位數字是多少？

　　由上述可知，複數系在四則運算下具有封閉性，也就是兩個複數經過四則運算之後，仍然在複數系之中，不會跑出界外。

1. 求下列各式之值：

(1) $(1 + 2i)^3$

(2) $\dfrac{5}{-3 + 4i}$

(3) $(\dfrac{2 + i}{3 - 2i})^2$

(4) $(1 + i)^3 + (1 - i)^3$

2. 設 $z = x + iy$，求下列各複數的實部與虛部：

(1) z^4

(2) $\dfrac{1}{z}$

3. 試證 $(\dfrac{-1 \pm \sqrt{3}\,i}{2})^3 = 1$ 且 $(\dfrac{\pm 1 \pm \sqrt{3}\,i}{2})^6 = 1$。

4. 設 x, y 均為實數，試求下列各式的 x, y 值：

(1) $(1 + 2i)(x + yi) + (2y - 2xi) = -5 + 3i$

(2) $(x + yi)i - 2 + 4i = (x - yi)(1 + i)$

5. 試算下列各式的值：

(1) $i^{31} + i^{101} - i^{99}$

(2) $(1 - 2i)^3$

6. 解方程式 $x^2 + x - 1 = 0$。

7. 設 $x = \dfrac{-1 + \sqrt{3}\,i}{2}$，求 $x^2 + x + 1$ 之值。

9-2　複數的圖解與極式

甲、複數之圖解與高斯平面

複數可以圖解，這是複數的一個重要特性，即：（取定了平面上一個坐標系之後）複數 $a + bi$（a, b 為實數）可用平面上的點 (a, b) 來代表。

反過來，坐標平面上的點 $P = (a, b)$ 也可用複數 $a + bi$ 來代表，即一個複數對應一個點，一點對應一個複數，所以整個平面對應整個複數系，而稱為複數平面或高斯平面（見圖 9–1）。

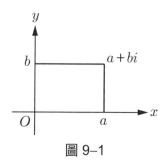

圖 9–1

歷史上，這是阿干 (Argand) 跟高斯 (Gauss) 提出的，後者名氣更大，所以在這種對應之下，平面就叫高斯平面。現在，點就是數（複數），所以高斯平面（或複數平面）就是複數系。

把複數圖示成點，使得我們可以利用幾何圖形來探討複數的性質。反之亦然！這對於我們幫助非常大。

 例 1　試將複數 $2 + 3i, -2 + 2i, -4 - 3i, 4 - 4i$ 圖示出來。

解

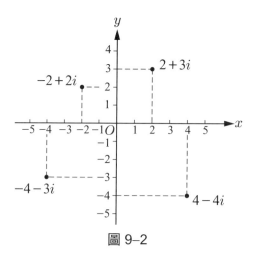

圖 9–2

隨堂練習　圖解下列各複數：

(1) $-1 + 4i$　　　　　　　　(2) $2i$

(3) $-4 - 3i$　　　　　　　　(4) 2

(5) $-3i + 1$

乙、複數的極式

給一個複數 $z = x + yi$，在高斯平面上作出圖解，得到 P 點。連結原點 O 與 P 點，得到線段 $\overline{OP}$。x 軸與 $\overline{OP}$ 的夾角 θ，叫做 z 的**輻角**。$\overline{OP}$ 的長度為

$$|z| = \sqrt{x^2 + y^2} \qquad （畢氏定理）$$

叫做複數 z 的「模」，或叫做「絕對值」。參見圖 9–3。

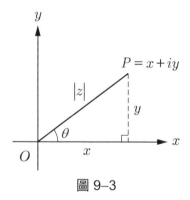

圖 9–3

$$z = x + yi,\ \theta = \arg(z)$$
$$x = |z|\cos\theta,\ y = |z|\sin\theta$$

從而複數 z 可以改寫成

$$z = |z|\cos\theta + i \cdot |z|\sin\theta$$

或

$$z = |z|(\cos\theta + i\sin\theta)$$

這叫做**複數的極式**。

　　將複數化為極式後，要算開方及乘方都非常方便，複數極式的妙用在此。這個我們留到第三節再說。

　　由 $|z|$, θ，可得 x 及 y；反過來，由 x, y 也差不多可以求得 $|z|$ 及 θ：今 $x^2 + y^2 = |z|^2$（畢氏定理！）而 $|z| \geq 0$，因此有：

$$|z| = \sqrt{x^2 + y^2}$$

θ 呢？並不能由

$$\frac{x}{\sqrt{x^2 + y^2}} = \cos\theta$$

$$\frac{y}{\sqrt{x^2 + y^2}} = \sin\theta$$

唯一決定，因為差個 2π 整數倍，並不影響 x, y。不過，我們可以規定，取 θ 在一個周角範圍內，例如 $-\pi < \theta \leq \pi$ 或者 $0 \leq \theta < 2\pi$，以作為 θ 的**主輻角**。本書規定主輻角的範圍在 $0 \leq \theta < 2\pi$。

　　許多書上是用

$$\tan\theta = \frac{y}{x}$$

求 θ。不過，這 θ 可以差到 2π 的整數倍，因此必須小心定出它所在的象限！

例2　$z = -5.31 + i6.43$ 的模 $|z| = ?$ 主輻角 $\theta = ?$

解　這是第二象限角，$\tan\theta = \dfrac{-6.43}{5.31} = \boxed{}$，$\theta = \boxed{}$，

（請查三角函數表）

$$|z| = \sqrt{5.31^2 + 6.43^2} = \sqrt{28.20 + 41.34} = \sqrt{79.54}$$
$$= 8.92 \qquad\qquad ■$$

例3　化 $1 + i$ 為極式。

解　先將 $1 + i$ 圖示如圖 9–4。我們求出 $|z| = |1 + i| = \sqrt{2}$ 主輻角 θ 在

第一象限，且 $\tan\theta = \dfrac{1}{1} = 1$，所以 $\theta = 45°$，

$$\therefore 1 + i = |z|(\cos\theta + i\sin\theta)$$
$$= \sqrt{2}(\cos 45° + i\sin 45°)$$

為所欲求的極式。

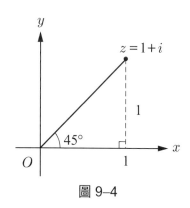

圖 9–4

$\qquad\qquad\qquad\qquad\qquad\qquad\qquad\qquad\qquad\qquad$ ■

例4　化 $1 - \sqrt{3}i$ 為極式。

解　先將 $1 - \sqrt{3}i$ 圖示如下，求得

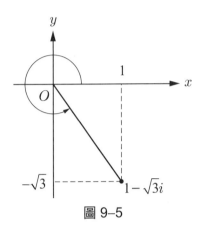

圖 9–5

$$\left|1-\sqrt{3}\,i\right|=\sqrt{1^2+(\sqrt{3})^2}=2$$

而輻角 θ 在第四象限，且 $\tan\theta=\dfrac{-\sqrt{3}}{1}=-\sqrt{3}$，

所以 $\theta=\dfrac{5}{3}\pi$，於是 $1-\sqrt{3}\,i$ 的極式為

$$2(\cos\frac{5}{3}\pi+i\sin\frac{5}{3}\pi)$$

隨堂練習 化下列各複數為極式：

(1) $-1+i$ (2) $-1-i$

(3) $2+2i$ (4) $12+5i$

習　題　9–2

1. 在複數平面上圖示下列各複數：

(1) $3+4i$ (2) $6-2i$ (3) $-3+7i$

(4) $-2-6i$ (5) $3-4i$ (6) $7-6i$

(7) $\dfrac{2}{1-i}$ (8) $(1+i)^3$ (9) $\dfrac{9-19i}{5-3i}$

2.將下列複數表成極式：

(1) $1 - i$ 　　　　　　(2) $-1 + \sqrt{3}\,i$ 　　　　　(3) $\dfrac{1+i}{1-i}$

3.設 $z = \dfrac{12+5i}{2}$ 之輻角為 θ，求 $\cos\theta$ 之值。

*4.設 z 為複數，試求 $|z-i| = |z+i|$ 之圖形。

9–3　棣馬佛定理

甲、複數之乘法

兩複數 $x + yi$ 與 $u + vi$ 的乘積是

$$(x + yi)(u + vi) = (xu - yv) + i(xv + yu)$$

這看不出有什麼特別的地方。我們現在改用**複數的極式**來考慮這個運算，馬上即可看出端倪來！

設
$$z = x + yi = r(\cos\theta + i\sin\theta)$$
$$w = u + vi = \rho(\cos\phi + i\sin\phi)$$

而
$$x = r\cos\theta,\ y = r\sin\theta,\ r = \sqrt{x^2 + y^2} > 0$$
$$u = \rho\cos\phi,\ v = \rho\sin\phi,\ \rho = \sqrt{u^2 + v^2} > 0$$

因此，$r = |x + iy|$, $\rho = |u + iv|$, $\theta = \arg(x + iy)$, $\phi = \arg(u + iv)$；然後再計算一下，則得：

$$\begin{aligned}
zw &= (x + iy)(u + iv)\\
&= r(\cos\theta + i\sin\theta)\rho(\cos\phi + i\sin\phi)\\
&= r\rho[(\cos\theta\cos\phi - \sin\theta\sin\phi) + i(\cos\theta\sin\phi + \sin\theta\cos\phi)]\\
&= r\rho[\cos(\theta + \phi) + i\sin(\theta + \phi)]
\end{aligned}$$

所以乘積 zw 的模（即長度）是 $r\rho$，而且輻角是 $\theta + \rho$ 亦即：

$$\begin{cases} |wz| = |w| \cdot |z| \\ \arg(zw) \equiv \arg z + \arg w \end{cases} \tag{1}$$

多麼乾淨俐落！換句話說：

　　⑴兩個複數相乘積的模（絕對值）是其模的相乘積。

　　⑵兩個複數相乘積的輻角，是其輻角的和。

　　特別地，模（或絕對值）是 1 的複數叫做**單位複數**，或者么模複數。

隨堂練習　在高斯平面上，么模複數會落在那裡？

　　對於兩個么模複數的性質⑴與⑵做合併，就成了如下的公式

$$(\cos\theta + i\sin\theta)(\cos\phi + i\sin\phi)$$
$$= \cos(\theta + \phi) + i\sin(\theta + \phi) \tag{2}$$

特別地，

$$(\cos\theta + i\sin\theta)^2 = \cos 2\theta + i\sin 2\theta \tag{3}$$

乙、棣馬佛公式 (de Moivre formula)

　　上述公式⑶可以推廣到一般情形：

$$(\cos\theta + i\sin\theta)^n = \cos n\theta + i\sin n\theta \tag{4}$$

其中 n 為任意自然數。這就叫做**棣馬佛公式** (de Moivre formula)。

　　公式⑷的證明要用到數學歸納法，我們留待第二冊講述。

　　棣馬佛公式被許多現代人士說成是三角恆等式的基本。為什麼呢？

用商數及倒數關係，其他的三角函數，tan, cot, sec 及 csc，都可以化成 sin 及 cos 的**有理函數**（即分式），所以基本的三角函數只有 sin 與 cos，而且根本的公式也只是**和角公式**，再利用**虛實的原理**，公式(4)就可以代替 sin 及 cos 的和角公式了！現在用例題說明如下：

例 1　$\sin 3\theta = ?\ \cos 3\theta = ?$

解　我們可以用和角公式得：$3\theta = 2\theta + \theta$

$\sin 3\theta = \sin 2\theta \cos \theta + \sin \theta \cos 2\theta$

$\qquad = 2\sin \theta \cos \theta \cos \theta + \sin \theta(1 - 2\sin^2 \theta)$

$\qquad = 2\sin \theta(1 - \sin^2 \theta) + \sin \theta - 2\sin^3 \theta$

$\qquad = 3\sin \theta - 4\sin^3 \theta$

同理 $\cos 3\theta = \cos \theta \cos 2\theta - \sin \theta \cos 2\theta$

$\qquad\qquad = \cos \theta(2\cos^2 \theta - 1) - \sin \theta 2\cos \theta \sin \theta$

$\qquad\qquad = 2\cos^3 \theta - \cos \theta - 2\cos \theta \sin^2 \theta$

$\qquad\qquad = 2\cos^3 \theta - \cos \theta - 2\cos \theta(1 - \cos^2 \theta)$

$\qquad\qquad = 2\cos^3 \theta - \cos \theta - 2\cos \theta + 2\cos^3 \theta$

$\qquad\qquad = 4\cos^3 \theta - 3\cos \theta$

我們也可以利用棣馬佛公式推導如下：因為

$$\cos 3\theta + i\sin 3\theta = (\cos \theta + i\sin \theta)^3$$

利用立方公式 $(a + b)^3 = a^3 + 3a^2b + 3ab^2 + b^3$ 來展開右邊，則

$\cos 3\theta + i\sin 3\theta$

$= \cos^3 \theta + 3\cos^2 \theta(i\sin \theta) + 3\cos \theta(i\sin \theta)^2 + (i\sin \theta)^3$

整理虛實，並利用 $i^2 = -1,\ i^3 = -i$，而得

$$\cos 3\theta + i\sin 3\theta$$
$$= (\cos^3\theta - 3\cos\theta\sin^2\theta) + i(3\cos^2\theta\sin\theta - \sin^3\theta)$$

再用 $\sin^2\theta = 1 - \cos^2\theta$ 及 $\cos^2\theta = 1 - \sin^2\theta$，
化簡得

$$\cos 3\theta + i\sin 3\theta$$
$$= [\cos^3\theta - 3\cos\theta(1 - \cos^2\theta)] + i[3(1 - \sin^2\theta)\sin\theta - \sin^3\theta]$$
$$= [4\cos^3\theta - 3\cos\theta] + i[3\sin\theta - 4\sin^3\theta]$$

故得 $\cos 3\theta = 4\cos^3\theta - 3\cos\theta$ $\hspace{3cm}$ (5)

$\hspace{1.7cm}\sin 3\theta = 3\sin\theta - 4\sin^3\theta$ $\hspace{3cm}$ (6)

■

隨堂練習　計算 $\cos 4\theta$ 及 $\sin 4\theta$。

$$\cos 4\theta + i\sin 4\theta$$
$$= (\cos\theta + i\sin\theta)^4$$
$$= \cos^4\theta + 4\cos^3\theta(i\sin\theta) + 6\cos^2\theta(i\sin\theta)^2 + 4\cos\theta(i\sin\theta)^3 + \sin^4\theta$$
$$= (\cos^4\theta - 6\cos^2\theta\sin^2\theta + \sin^4\theta) + i(4\cos^3\theta\sin\theta - 4\cos\theta\sin^3\theta)$$

利用虛實原理，令左右兩邊的實數部分相等，虛數部分相等得

$$\cos 4\theta = \cos^4\theta - 6\cos^2\theta\sin^2\theta + \sin^4\theta$$
$$\sin 4\theta = 4(\cos^3\theta\sin\theta - \cos\theta\sin^3\theta)$$

再利用 $\sin^2\theta + \cos^2\theta = 1$，可把上式化成：

$$\sin 4\theta = \cdots（作！）$$
$$\cos 4\theta = \cdots（作！）$$

　　現在我們再來解釋一下棣馬佛公式(4)的推廣，在(4)式中，若 n 不是自然數，公式是否也成立?

　　若 n 是負整數，可以嗎? 例如 $n=-1$，想想 z^{-1} 的意思，這是 z 的倒數，也就是「跟 z 乘起來會變成 1」的那個複數，因此

$$(\cos\theta + i\sin\theta)^{-1} = \frac{1}{\cos\theta + i\sin\theta}$$

$$= \frac{1}{\cos\theta + i\sin\theta} \cdot \frac{\cos\theta - i\sin\theta}{\cos\theta - i\sin\theta}$$

$$= \frac{\cos\theta - i\sin\theta}{\cos^2\theta + \sin^2\theta}$$

$$= \cos\theta - i\sin\theta$$

$$= \cos(-1)\theta + i\sin(-1)\theta$$

亦即
$$(\cos\theta + i\sin\theta)^{-1} = \cos(-1)\theta + i\sin(-1)\theta$$

此式就是(4)式當 $n=-1$ 的情形。從而

$$(\cos\theta + i\sin\theta)^{-n} = [(\cos\theta + i\sin\theta)^{-1}]^n$$

$$= [\cos(-1)\theta + i\sin(-1)\theta]^n$$

$$= \cos(-1)n\theta + i\sin(-1)n\theta$$

$$= \cos(-n)\theta + i\sin(-n)\theta$$

換句話說，對於任意整數 n，棣馬佛公式

$$(\cos\theta + i\sin\theta)^n = \cos n\theta + i\sin n\theta$$

均成立!

（註: 甚至當 n 是有理數，或任意實數時也成立!（這個我們就不再談下去））

例2 求 $(\dfrac{-1+\sqrt{3}\,i}{2})^{20}$ 之值。

解 面對這個問題，直接展開計算希望就渺茫了。利用棣馬佛公式！

先將 $\dfrac{-1+\sqrt{3}\,i}{2}$ 化為極式

$$\rho = \left|\dfrac{-1+\sqrt{3}\,i}{2}\right| = \sqrt{(-\dfrac{1}{2})^2+(\dfrac{\sqrt{3}}{2})^2} = 1$$

$$\tan\theta = \dfrac{\dfrac{\sqrt{3}}{2}}{(-\dfrac{1}{2})} = -\sqrt{3}，且 \theta 在第二象限，$$

故 $\theta = \dfrac{2}{3}\pi$，於是

$$\dfrac{-1+\sqrt{3}\,i}{2} = \cos\dfrac{2}{3}\pi + i\sin\dfrac{2}{3}\pi$$

由棣馬佛公式得

$$
\begin{aligned}
(\dfrac{-1+\sqrt{3}\,i}{2})^{20} &= (\cos\dfrac{2}{3}\pi + i\sin\dfrac{2}{3}\pi)^{20} \\
&= \cos\dfrac{40}{3}\pi + i\sin\dfrac{40}{3}\pi \\
&= \cos(12\pi + \dfrac{4}{3}\pi) + i\sin(12\pi + \dfrac{4}{3}\pi) \\
&= \cos\dfrac{4}{3}\pi + i\sin\dfrac{4}{3}\pi \\
&= \cos(\pi + \dfrac{1}{3}\pi) + i\sin(\pi + \dfrac{1}{3}\pi) \\
&= -\cos\dfrac{\pi}{3} - i\sin\dfrac{\pi}{3} \\
&= -\dfrac{1}{2} - \dfrac{\sqrt{3}}{2}\,i
\end{aligned}
$$

隨堂練習 (1)求 $(\sqrt{3} + i)^{15}$ 之值。　　　(2)求 $(\dfrac{\sqrt{3} + i}{\sqrt{2}})^{30}$ 之值。

由上述我們已經看出，把複數表成極式，然後利用棣馬佛公式，可以幫忙我們計算很複雜的乘法運算。對於除法運算也有類似的結果：

$$\frac{r_1(\cos\theta_1 + i\sin\theta_1)}{r_2(\cos\theta_2 + i\sin\theta_2)}$$

$$= \frac{r_1}{r_2} \cdot \frac{\cos\theta_1 + i\sin\theta_1}{\cos\theta_2 + i\sin\theta_2} \cdot \frac{\cos\theta_2 - i\sin\theta_2}{\cos\theta_2 - i\sin\theta_2}$$

$$= \frac{r_1}{r_2} \frac{(\cos\theta_1 + i\sin\theta_1)[\cos(-\theta_2) + i\sin(-\theta_2)]}{\cos^2\theta_2 + \sin^2\theta_2}$$

$$= \frac{r_1}{r_2}[\cos(\theta_1 - \theta_2) + i\sin(\theta_1 - \theta_2)] \tag{7}$$

（利用棣馬佛公式！）

例 3　求 $\dfrac{\cos 64° + i\sin 64°}{\cos 29° + i\sin 29°}$ 之值。

解　$\dfrac{\cos 64° + i\sin 64°}{\cos 29° + i\sin 29°} = \cos(64° - 29°) + i\sin(64° - 29°)$

$$= \cos 35° + i\sin 35°$$

棣馬佛公式也可以用來簡化乘方和開方的運算：

例 4　求 $(\dfrac{1 + i}{\sqrt{3} + i})^{12}$ 之值。

解　因 $1 + i = \sqrt{2}(\cos\dfrac{\pi}{4} + i\sin\dfrac{\pi}{4})$

$$\sqrt{3} + i = 2(\cos\dfrac{\pi}{6} + i\sin\dfrac{\pi}{6}) \qquad\qquad（化為極式！）$$

故 $\dfrac{1+i}{\sqrt{3}+i} = \dfrac{\sqrt{2}}{2}[\cos(\dfrac{\pi}{4}-\dfrac{\pi}{6})+i\sin(\dfrac{\pi}{4}-\dfrac{\pi}{6})]$ （由公式(5)）

$\qquad\qquad = \dfrac{\sqrt{2}}{2}(\cos\dfrac{\pi}{12}+i\sin\dfrac{\pi}{12})$

由棣馬佛公式得

$(\dfrac{1+i}{\sqrt{3}+i})^{12} = (\dfrac{\sqrt{2}}{2})^{12}(\cos\pi+i\sin\pi) = -\dfrac{1}{2^6}$　　　■

隨堂練習　求下列各式的值，並化成 $a+bi$ 的形式：

(1) $2(\cos 30° + i\sin 30°)\cdot 3(\cos 75° - i\sin 75°)$

(2) $[2(\cos 15° + i\sin 15°)]^8$

(3) $(\dfrac{1+i}{\sqrt{2}})^{100}$

(4) $\dfrac{10(\cos 234° + i\sin 234°)}{2(\cos 99° + i\sin 99°)}$

丙、複數的方根

利用棣馬佛公式可以求複數的方根。

設複數 z 的極式為

$$z = \rho(\cos\theta + i\sin\theta)$$

我們要來求 z 的 n 次方根（n 為一個正整數）。假設 w 為 z 的一個 n 次方根，它的模是 r，輻角是 ϕ，那麼我們有 $w^n = z$，亦即

$$[r(\cos\phi + i\sin\phi)]^n = \rho(\cos\theta + i\sin\theta)$$

由棣馬佛公式得

$$r^n(\cos n\phi + i \sin n\phi) = \rho(\cos\theta + i\sin\theta)$$

今已知兩複數相等時，它們的模必定相等，但輻角可差個 2π 的整數倍。因此我們有

$$r^n = \rho$$
$$n\phi = \theta + 2k\pi \ (k \in \mathbb{Z})$$

於是我們求出

$$r = \sqrt[n]{\rho}$$
$$\phi = \frac{\theta + 2k\pi}{n}, \ k = 0, \pm 1, \pm 2, \cdots$$

當 k 取不同的整數值時，我們就得到 z 的所有可能之 n 次方根：

$$w_k = \sqrt[n]{\rho}(\cos\frac{\theta + 2k\pi}{n} + i\sin\frac{\theta + 2k\pi}{n})$$
$$k = 0, \pm 1, \pm 2, \pm 3, \cdots$$

　　但是，這並不表示 z 有無窮多個不同的 n 次方根。因為給予 k 以不同的整數值時，我們可能得到相同的 w_k。每當 k 增加或減少 1 時，w_k 的輻角相應地增加或減少 $\frac{2\pi}{n}$。所以我們只能得到 n 個不同的 n 次方根：

$$w_0, \ w_1, \ w_2, \cdots, \ w_{n-1}$$

而其餘的每個 w_k 一定和這 n 個根中的某一個相等。

　　這樣一來，每一個複數 z（只要 $z \neq 0$）就恰有 n 個 n 次方根。這些根分布在以原點為中心，以 $\sqrt[n]{|z|}$（即 $\sqrt[n]{\rho}$）為半徑的圓周上，並且把圓周分成 n 等分。下圖 9–6 表示了 1 的 8 個 8 次方根。

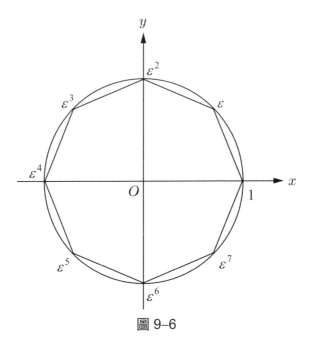

圖 9-6

特別地，我們可以求出 1 的 n 次方根，這些根叫做 n 次單位根。這 n 個 n 次單位根是

$$\varepsilon_k = \cos\frac{2k\pi}{n} + i\sin\frac{2k\pi}{n}, \ k = 0, \ 1, \ \cdots, \ n-1$$

它們分布在以原點為中心的單位圓周上，並且把它 n 等分。1 是其中的一個分點；當 n 為偶數時，-1 也是分點之一；當 n 是奇數時，-1 就不是分點。所以當 n 是奇數時，只有 1 才是實的 n 次單位根；當 n 是偶數時，± 1 都是實的 n 次單位根。除去 ± 1 可能是實的 n 次單位根之外，其餘的 n 次單位根都位於實軸之外，而且對於實軸是對稱的。換句話說，這些 n 次單位根是兩兩共軛的。

例 5　求 1 之立方根。

解　這就是要求解方程式

$$z^3 = 1 = \cos 0 + i \sin 0$$
$$= \cos(2k\pi) + i \sin(2k\pi)$$

由棣馬佛定理得

$$z = \cos \frac{2k\pi}{3} + i \sin \frac{2k\pi}{3}$$

令 $k = 0, 1, 2$ 就得到三個立方根:

$$z_0 = \cos 0 + i \sin 0 = 1 + 0 \cdot i = 1$$

$$z_1 = \cos \frac{2\pi}{3} + i \sin \frac{2\pi}{3} = -\frac{1}{2} + \frac{\sqrt{3}}{2} i$$

$$z_2 = \cos \frac{4\pi}{3} + i \sin \frac{4\pi}{3} = -\cos \frac{\pi}{3} - i \sin \frac{\pi}{3}$$

$$= -\frac{1}{2} - \frac{\sqrt{3}}{2} i$$

我們也可以利用因式分解的辦法求解:

$$z^3 - 1 = 0$$

$$(z - 1)(z^2 + z + 1) = 0$$

$$\therefore z = 1 \ \text{或} \ z = \frac{-1 \pm \sqrt{3} i}{2}$$

隨堂練習　求解下列方程式，並將其根在高斯平面上圖示:

(1) $z^5 = 1$　　　　　　　　　(2) $z^6 = 1$

(3) $z^n = 1$　　　　　　　　　(4) $z^n = -1$

隨堂練習　設 ω 為 $z^2 + z + 1 = 0$ 之一根，求 $\omega^{1997} + \omega^{1984}$。

1.設 $z = \cos\theta + i\sin\theta$，試求下列各複數，表成極式：

$$\frac{1}{z},\ z + \frac{1}{z},\ z^2 + \frac{1}{z^2},\ z^3 + \frac{1}{z^3}$$

2.設 n 為正整數：

(1)試解方程式：$x^n - 1 = 0$。

(2)證明：

$$1 + \cos\frac{2\pi}{n} + \cos\frac{4\pi}{n} + \cdots + \cos\frac{2(n-1)\pi}{n} = 0$$

$$\sin\frac{2\pi}{n} + \sin\frac{4\pi}{n} + \cdots + \sin\frac{2(n-1)\pi}{n} = 0$$

3.解方程式：

(1) $z^n = -1$ (2) $z^4 = i$

4.利用棣馬佛定理，求：

(1) $(\dfrac{\sqrt{3}+i}{\sqrt{2}})^{30}$ (2) $(1 + \sqrt{3}i)^5$

5.設 $z^2 + z + 1 = 0$ 之一根為 ω，試求 $\omega^{100} + \omega^{200}$。

6.在公式

$$\frac{1 - z^n}{1 - z} = 1 + z + z^2 + \cdots + z^{n-1}$$

中，令 $z = \cos\theta + i\sin\theta$，試證：

$$1 + \cos\theta + \cos 2\theta + \cdots + \cos(n-1)\theta = \frac{\sin\dfrac{n\theta}{2}\cos\dfrac{(n-1)}{2}\theta}{\sin\dfrac{\theta}{2}}$$

$$\sin\theta + \sin 2\theta + \cdots + \sin(n-1)\theta = \frac{\sin\dfrac{n}{2}\theta\sin\dfrac{(n-1)}{2}\theta}{\sin\dfrac{\theta}{2}}$$

9-4　一元 n 次方程式

設 $a_n,\ a_{n-1},\ \cdots,\ a_1,\ a_0$ 為複數且 $a_n \neq 0$，則我們稱

$$a_n x^n + a_{n-1} x^{n-1} + \cdots + a_1 x + a_0 = 0$$

為一元 n 次方程式。例如

$$x^5 - 2x^4 + x^3 + 7x^2 + 5 = 0$$

為一元五次方程式。

甲、簡單的高次方程式

三次方程式，四次方程式等，若照二次方程式的根之公式導法求得一般解法，則相當困難。但是，利用一根或二根作因式定理的應用，留下的二次方程式，然後解之，則較簡單。

例 1 求 $x^3 - 3x + 2 = 0$ 之根。

解 顯見有一根是 $x = 1$。然後應用因式定理，將 $x^3 - 3x + 2$ 被

$(x-1)$ 整除之得

$x^3 - 3x + 2 = (x-1)(x^2 + x - 2)$

然後再用因式分解，得

$(x-1)^2(x+2) = 0$

$\therefore x = 1$（兩重根），$x = -2$ ∎

例 2 求 $x^4 = 16$ 之根。

解 $x^4 - 16 = 0$

分解因式得 $(x-2)(x+2)(x^2 + 4) = 0$，

$\therefore x - 2 = 0,\ x + 2 = 0,\ x^2 + 4 = 0$

$\therefore x = 2,\ x = -2,\ x = \pm 2i$ ∎

例 3 設三次方程式 $ax^3 + bx^2 + cx + d = 0\ (a \neq 0)$ 的三根為 $\alpha,\ \beta,\ \gamma$

時，試證明：

$$\alpha + \beta + \gamma = -\frac{b}{a},\ \alpha\beta + \beta\gamma + \gamma\alpha = \frac{c}{a},\ \alpha\beta\gamma = -\frac{d}{a}$$

解 設方程式之三根為 $\alpha,\ \beta,\ \gamma$，將原式因式分解之得

$ax^3 + bx^2 + cx + d = a(x-\alpha)(x-\beta)(x-\gamma)$

$\therefore ax^3 + bx^2 + cx + d$

$= a\{x^3 - (\alpha + \beta + \gamma)x^2 + (\alpha\beta + \beta\gamma + \gamma\alpha)x - \alpha\beta\gamma\}$

上式為 x 的恆等式，所以

$$\begin{cases} -a(\alpha+\beta+\gamma)=b \\ a(\alpha\beta+\beta\gamma+\gamma\alpha)=c \\ -a\alpha\beta\gamma=d \end{cases}$$

故得 $\alpha+\beta+\gamma=-\dfrac{b}{a}$, $\alpha\beta+\beta\gamma+\gamma\alpha=\dfrac{c}{a}$, $\alpha\beta\gamma=-\dfrac{d}{a}$。　■

（註：這是三次方程式的根與係數的關係式。）

例 4　求 $x^4+x^2-2=0$ 之根。

解　設 $x^2=t$ 時，上式改寫成 $t^2+t-2=0$，

由此可解得 $t=1$, $t=-2$，

$\therefore x^2=1$, $x^2=-2$

$\therefore x=\pm 1$, $x=\pm\sqrt{2}\,i$　■

隨堂練習　試解下列之三次方程式：

(1) $2x^3+5x^2+x-2=0$

(2) $2x^3+5x^2+6x+3=0$

隨堂練習　試解下列之四次方程式：

(1) $x^4-7x^2-18=0$

(2) $x^4-4x^3-3x^2+14x-8=0$

隨堂練習　設三次方程式 $2x^3+x^2-3=0$ 之三根為 α, β, γ 時，求下列諸值：

(1) $\dfrac{1}{\alpha}+\dfrac{1}{\beta}+\dfrac{1}{\gamma}$

(2) $\alpha^2+\beta^2+\gamma^2$

二次方程式有公式解，三次及四次方程式也有公式解，分別叫做卡

丹 (Cardan) 公式與斐拉力 (Ferrari) 公式，但超乎課程範圍，故我們略去不提。

一、二、三、四次方程式都解決了，於是我們自然要問五次方程式呢？起先數學家都認為應該可以找到五次或更高次方程式的「一般公式解」。什麼叫做 n 次方程的一般公式解呢？根據一、二、三、四次方程式求解的經驗，我們知道 n 次方程式的一般公式解應該是一組計算公式，由係數的四則運算與開方所組成的。雖然數學家在五次方程式一般公式解的尋求上費去不少心血，歷兩世紀依然沒有結果。

直到十九世紀初才由 Abel 與 Galois 解決掉，而且是否定的解決！

定 理 1

五次方程式沒有一般公式解。

注意到，這並不排除：存在有特殊的五次方程式具有根式解。例如 $x^5 = 5$ 就有根式解。但是 $x^5 - 4x + 2 = 0$ 卻無根式解，這必須要用到大學的「抽象代數」才能證明了。

乙、代數學根本定理

另一方面，關於解答的存在性問題，高斯 (Gauss) 在 1799 年的博士論文裡，一舉解決，這就是著名的：

定 理 2

（代數學根本定理）

任何 n 次方程式 $(n \geq 1)$

$$f(x) = a_n x^n + a_{n-1} x^{n-1} + \cdots + a_1 x + a_0 = 0$$

在複數系中，必有解，即存在有複數 z，使得 $f(z) = 0$。

注意到，多項方程式在複數系 $\mathbb{C} = \{a + bi \mid a, b \in \mathbb{R}\}$ 中有解，但在實數系就不成立了，例如 $x^2 + 1 = 0$ 在實數系中無解。上述定理的證明，超乎課程標準的範圍，故略去。

配合因式定理，我們就得到

推 論

任何 n 次方程式 $(n \geq 1)$，在複數系中至多有 n 個根。如果計較重根的重複度，那麼 n 次方程式就恰好有 n 個根。

（註：一般人常犯的一個錯誤是將此推論當作是代數學根本定理。所謂重根的重複度，是指根的重複次數，例如 $(x + 7)^3 = 0$ 的根 -7 的重複度為 3，又叫三重根，算成三個根。）

丙、共軛複根定理

實係數方程式

$$x^2 + 2x + 5 = 0$$

的兩根為

$$x = \frac{-2 \pm \sqrt{4 - 20}}{2} = -1 \pm 2i$$

所以兩根為共軛複根 $-1 + 2i$ 與 $-1 - 2i$。

再看實係數方程式

$$x^3 - 1 = 0$$

$$\Rightarrow (x - 1)(x^2 + x + 1) = 0$$

$$\therefore x = 1 \text{ 或 } x = \frac{-1 \pm \sqrt{1 - 4}}{2} = -\frac{1}{2} \pm \frac{\sqrt{3}}{2}i$$

這也有一對共軛複根

$$-\frac{1}{2}+\frac{\sqrt{3}}{2}i \text{ 與 } -\frac{1}{2}-\frac{\sqrt{3}}{2}i$$

換言之，實係數方程式的複數根是共軛成對的，即若有 $a+bi$ 的根，就有 $a-bi$ 的根。

一般而言，這個結果是普遍成立的。

定 理3

（複數根共軛成對定理）

設 $f(x)=0$ 為實係數 n 次方程式 $(n \geq 2)$，若 $z=a+bi$ 為 $f(x)=0$ 的一個複數根，則 $\bar{z}=a-bi$ 也是 $f(x)=0$ 的一個根。

為了證明這個定理，我們必須利用複數在共軛操作下的一些基本性質：

補題 設 z_1, z_2 為任意複數，則

(1) $\overline{(z_1+z_2)}=\overline{z_1}+\overline{z_2}$ (2) $\overline{z_1 \cdot z_2}=\overline{z_1} \cdot \overline{z_2}$

(3) $\overline{(z^n)}=(\bar{z})^n$ (4) $\overline{(\dfrac{z_1}{z_2})}=\dfrac{\overline{z_1}}{\overline{z_2}}$ $(z_2 \neq 0)$

(5) $\overline{z_1}=z_1 \Leftrightarrow z_1$ 為實數

證明 我們只證明(1)與(2)，其餘留作習題。

設 $z_1=a+bi, z_2=c+di$

則 $z_1+z_2=(a+c)+(b+d)i$

$z_1 \cdot z_2=(ac-bd)+(ad+bc)i$

所以

$$\overline{z_1 + z_2} = (a + c) - (b + d)i$$
$$= (a - bi) + (c - di)$$
$$= \overline{z_1} + \overline{z_2}$$
$$\overline{z_1 \cdot z_2} = (ac - bd) - (ad + bc)i$$
$$= (a - bi) \cdot (c - di)$$
$$= \overline{z_1} \cdot \overline{z_2}$$

■

現在讓我們回到定理 3 的證明：

設 $f(x) = a_n x^n + a_{n-1} x^{n-1} + \cdots + a_1 x + a_0$, $n \geq 2$，且 a_n, $a_{n-1}, \cdots, a_1$, a_0 皆為實數。由假設 $z = a + bi$ 為一根，我們要證明 $\bar{z} = a - bi$ 亦為一根，即由 $f(z) = 0$ 要證明 $f(\bar{z}) = 0$。今已知

$$a_n z^n + a_{n-1} z^{n-1} + \cdots + a_1 z + a_0 = 0$$

由上述補題可得

$$\overline{(a_n z^n + a_{n-1} z^{n-1} + \cdots + a_1 z + a_0)} = \overline{0}$$
$$\Rightarrow \overline{a_n z^n} + \overline{a_{n-1} z^{n-1}} + \cdots + \overline{a_1 z} + \overline{a_0} = 0$$
$$\Rightarrow \overline{a_n}\,\overline{(z^n)} + \overline{a_{n-1}}\,\overline{(z^{n-1})} + \cdots + \overline{a_1}\,\overline{z} + \overline{a_0} = 0$$
$$\Rightarrow a_n (\bar{z})^n + a_{n-1} (\bar{z})^{n-1} + \cdots + a_1 \bar{z} + a_0 = 0$$
$$\Rightarrow f(\bar{z}) = 0$$

所以 $\bar{z}$ 亦為 $f(x) = 0$ 的一個根。

（註：上述定理只對實係數才成立，對於複係數就不成立了！）

例 5 複係數二次方程式 $x^2 - (3 + i)x + (2 + 2i) = 0$

的兩根為 $x = 2$ 與 $x = 1 + i$

它們並不共軛成對。

■

例6 設 a, b 為實數，已知 $1+i$ 為方程式

$$f(x) = x^4 + ax^3 + 3x^2 + bx + 20 = 0$$

的一個根，試求 a, b 之值，並求其他根。

解 已知 $1+i$ 為 $f(x) = 0$ 的一根，故

$$(1+i)^4 + a(1+i)^3 + 3(1+i)^2 + b(1+i) + 20 = 0$$

$$-4 + a(-2+2i) + 3(2i) + b(1+i) + 20 = 0$$

$$(-2a+b+16) + (2a+b+6)i = 0$$

由虛實原理知 $\begin{cases} -2a+b+16 = 0 \\ 2a+6+b = 0 \end{cases}$

解聯立方程式得 $a = \dfrac{5}{2}$，$b = -11$

故 $f(x) = x^4 + \dfrac{5}{2}x^3 + 3x^2 - 11x + 20$

由複數根共軛成對定理（即定理3）知 $1-i$ 也是 $f(x) = 0$ 的一個根，亦即

$$(x-(1+i))(x-(1-i)) = x^2 - 2x + 2$$

為 $f(x)$ 的因式。利用多項式的除法可知

$$f(x) = (x^2 - 2x + 2)\left(x^2 + \dfrac{9}{2}x + 10\right)$$

解二次方程式 $x^2 + \dfrac{9}{2}x + 10 = 0$，得到 $x = \dfrac{-9 \pm \sqrt{79}\,i}{4}$

因此，$f(x) = 0$ 的其他三個根為

$$1-i, \ \dfrac{-9+\sqrt{79}\,i}{4}, \ \dfrac{-9-\sqrt{79}\,i}{4}$$

隨堂練習 已知 $1+2i$ 為方程式

$$f(x) = x^4 - 4x^3 + 17x^2 - 26x + 40 = 0$$

的一個根，試求其他三個根。

因為

$$[x-(a+bi)]\cdot[x-(a-bi)]$$
$$= x^2 - 2ax + (a^2 + b^2)$$

為二次式，再配合定理 3，可知：

> **推　論**
>
> 任何實係數奇次多項方程式，至少有一個實根。

> **推　論**
>
> 任何實係數 n 次多項式 $(n \geq 1)$，必可分解成一次或二次實係數因式之乘積。

（註：後一個推論可以比美於算術根本定理：任何大於等於 2 的自然數都可以分解成質因數的乘積。）

丁、二次無理根定理

先觀察一個例子，解方程式

$$x^2 + 2x - 11 = 0$$

得到兩個根

$$x = -1 + 2\sqrt{3},\ x = -1 - 2\sqrt{3}$$

形如

$$a + b\sqrt{c} \ 與 \ a - b\sqrt{c}$$

的**無理根**成對出現。

一般而言，對於有理係數 n 次多項方程式，$n \geq 2$，上述結果也成立。

定 理 4

設 $f(x) = 0$ 為一個有理係數 n 次多項方程式，$n \geq 2$。如果 $a + b\sqrt{c}$ 為 $f(x) = 0$ 的一個根，其中 a, b, c 為有理數且 $\sqrt{c}$ 為無理數，則 $a - b\sqrt{c}$ 亦為 $f(x) = 0$ 的一個根。

補題 設 a, b 為有理數且 $\sqrt{c}$ 為無理數。若 $a + b\sqrt{c} = 0$，則 $a = b = 0$。

證明 若 $b \neq 0$，則由 $a + b\sqrt{c} = 0$ 得到

$$\sqrt{c} = -\frac{a}{b}$$

左端為無理數，右端為有理數，所以是一個矛盾。因此，$b = 0$，於是由 $a + b\sqrt{c} = 0$ 進一步得到 $a = 0$。 ■

隨堂練習 設 a, b, α, β 為有理數，$\sqrt{c}$ 為無理數。若 $a + b\sqrt{c} = \alpha + \beta\sqrt{c}$，試證 $a = \alpha$，$b = \beta$。

回到定理 4 的證明：

令
$$g(x) = [x - (a + b\sqrt{c})] \cdot [x - (a - b\sqrt{c})]$$
$$= x^2 - 2ax + (a^2 - b^2 c)$$

考慮 $f(x)$ 除以二次式 $g(x)$ 得到商 $q(x)$ 及餘式 $\alpha x + \beta$，即

$$f(x) = g(x) \cdot q(x) + (\alpha x + \beta)$$

並且 α, β 皆為有理數。

由假設 $a + b\sqrt{c}$ 為 $f(x) = 0$ 的一根，故 $f(a + b\sqrt{c}) = 0$，亦即

$$g(a + b\sqrt{c})q(a + b\sqrt{c}) + \alpha(a + b\sqrt{c}) + \beta = 0$$

今因 $g(a + b\sqrt{c}) = 0$，所以

$$\alpha(a + b\sqrt{c}) + \beta = 0$$
$$(\alpha a + \beta) + \alpha b\sqrt{c} = 0$$

由補題知

$$\alpha a + \beta = 0 \text{ 且 } \alpha b = 0 \tag{1}$$

另一方面，

$$f(a - b\sqrt{c}) = g(a - b\sqrt{c})q(a - b\sqrt{c}) + \alpha(a - b\sqrt{c}) + \beta$$

因為 $g(a - b\sqrt{c}) = 0$，所以

$$f(a - b\sqrt{c}) = \alpha(a - b\sqrt{c}) + \beta$$
$$= (\alpha a + \beta) - \alpha b\sqrt{c}$$

由(1)式知 $f(a - b\sqrt{c}) = 0$，故 $a - b\sqrt{c}$ 亦為 $f(x) = 0$ 的一個根。

（註：如果方程式 $f(x) = 0$ 不是有理係數，定理 4 就不成立。例如方程式

$$x^2 - (1 + \sqrt{2} + \sqrt{3})x + (\sqrt{2} + \sqrt{6}) = 0$$

的兩根為

$$x = \sqrt{2} \text{ 與 } x = 1 + \sqrt{3}$$

並非無理根「共軛」成對。）

例 7 設 $-\dfrac{3}{2}+\dfrac{1}{2}\sqrt{5}$ 為方程式

$$f(x)=x^4+x^3-4x^2+x+1=0$$

的一個根，試解此方程式。

解 因為 $f(x)=0$ 為有理係數方程式，所以有一根 $-\dfrac{3}{2}+\dfrac{1}{2}\sqrt{5}$，就

一定有一根 $-\dfrac{3}{2}-\dfrac{1}{2}\sqrt{5}$。於是，

$$f(x)=[x-(-\dfrac{3}{2}+\dfrac{1}{2}\sqrt{5})][x-(-\dfrac{3}{2}-\dfrac{1}{2}\sqrt{5})]\cdot q(x)$$

$$=(x^2+3x+1)\cdot q(x)$$

$$=x^4+x^3-4x^2+x+1$$

從而，$q(x)=(x-1)^2$

因此，$f(x)=0$ 的根為

$$x=1 \text{（兩重根）及 } x=\dfrac{-3\pm\sqrt{5}}{2}$$

隨堂練習 已知 $3-2\sqrt{2}$ 為方程式

$$f(x)=x^4-5x^3-4x^2-5x+1=0$$

之一根，試解此方程式。

戊、有理根定理

整係數二次方程式

$$10x^2-7x-12$$

$$=(2x-3)(5x+4)$$

有因式 $2x-3$ 與 $5x+4$，我們容易看出 2 與 5 是 10 的因數，3 與 4 是 12 的因數。

定　理 5

設 a 與 b 為互質的整數且 $a \neq 0$。若 $ax - b$ 為整係數多項式 $f(x) = a_n x^n + a_{n-1}x^{n-1} + \cdots + a_1 x + a_0$ 的因式，則 a 可整除 a_n 且 b 可整除 a_0。換言之，若整係數方程式 $a_n x^n + \cdots + a_0 = 0$ 有一個有理根 $\dfrac{b}{a}$，其中 a 與 b 互質且 $a \neq 0$，則 a 可整除 a_n 且 b 可整除 a_0。

證明　由假設知

$$f(\frac{b}{a}) = a_n(\frac{b}{a})^n + a_{n-1}(\frac{b}{a})^{n-1} + \cdots + a_1(\frac{b}{a}) + a_0 = 0$$

乘以 a^n 得到

$$a_n b^n + a_{n-1}ab^{n-1} + \cdots + a_1 a^{n-1}b + a_0 a^n = 0$$

所以

$$a_0 a^n = (-b)(a_n b^{n-1} + a_{n-1}ab^{n-2} + \cdots + a_1 a^{n-1})$$

故 b 可以整除 $a_0 a^n$。另一方面，由

$$a_n b^n = (-a)(a_{n-1}b^{n-1} + \cdots + a_1 a^{n-2}b + a_0 a^{n-1})$$

及 a 與 b 互質，也可得知 a 可整除 a_n。

推　論

當整係數多項式 $f(x)$ 的首項係數 $a_n = 1$ 時，$f(x)$ 的整係數一次因式都形如 $x - b$，並且 b 可整除 a_0。換言之，$f(x) = 0$ 的任何有理根必定是整數根。

例 8　求方程式 $x^4 - 17x^2 + 36x - 20 = 0$ 的有理根。

解　上述方程式的可能有理根為 ± 1, ± 2, ± 4, ± 5, ± 10, ± 20。令 $f(x) = x^4 - 17x^2 + 36x - 20$。容易驗知 $f(1) = 0$, $f(2) = 0$，由因式定理知，$f(x)$ 有一次因式 $(x-1)$ 與 $(x-2)$。再由綜合除法的演算可知

$$f(x) = (x-1)(x-2)(x^2 + 3x - 10)$$
$$= (x-1)(x-2)^2(x+5)$$

所以方程式的有理根（事實上是整數根）為 1, -5 及 2（兩重根）。 ∎

例 9　試證 $\sqrt{2}$ 為無理數。

證明　$\sqrt{2}$ 為方程式 $x^2 - 2 = 0$ 的一個根。欲證 $\sqrt{2}$ 為無理根，只需證明方程式 $x^2 - 2 = 0$ 沒有有理根即可。

今 $f(x) = x^2 - 2 = 0$ 的有理根只可能是 ± 1, ± 2。但是 $f(1) = -1$, $f(-1) = -1$, $f(2) = 2$, $f(-2) = 2$。由餘式定理知 ± 1, ± 2 都不是 $x^2 - 2 = 0$ 的根，因此方程式 $x^2 - 2 = 0$ 沒有有理根，從而 $\sqrt{2}$ 為無理數。 ∎

隨堂練習　求多項式的整係數一次因式：

(1) $x^3 + 5x^2 + 11x + 10$

(2) $3x^5 - 3x^4 - 13x^3 - 11x^2 - 10x - 6$

習　題　9-4

1. 求下列各多項式 $f(x)$ 的整係數一次因式,並且求解方程式 $f(x)=0$:

 (1) x^3+4x^2-5　　　　　(2) $2x^4+5x^3+5x^2+4x-4$

 (3) x^3-2x^2+2x+5　　　　(4) x^4-x^3+x-1

 (5) $6x^4-x^3-7x^2+x+1$

2. 已知方程式 $x^4+ax^3+ax^2+11x+b=0$ 的兩根為 3 及 -2,試求 a 與 b,及其他兩根。

3. 求一個四次的整係數方程式,使其一根為 $\sqrt{3}+i$,並且求解方程式的其他根。

4. 證明任一奇次數實係數方程式至少有一個實根。

5. 設 a 與 b 為有理數,並且 $f(x)=x^3-ax^2+8x+b=0$ 有一根 $1+\sqrt{3}$,試求 a, b 之值,並且解此方程式。

6. 如下圖,長為 16 公分,寬為 12 公分之紙張,在四個角上皆截去 x 公分,所剩的折成一個長方體容器,使其容積為 180 立方公分,試求 x 之值。

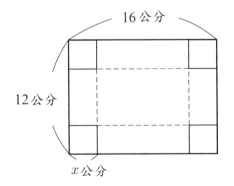
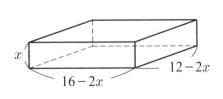

附　錄
三角函數表

角	正弦 (sin)	餘弦 (cos)	正切 (tan)	角	正弦 (sin)	餘弦 (cos)	正切 (tan)
0°	0.0000	1.0000	0.0000	45°	0.7071	0.7071	1.0000
1°	0.0175	0.9998	0.0175	46°	0.7193	0.6947	1.0355
2°	0.0349	0.9994	0.0349	47°	0.7314	0.6820	1.0724
3°	0.0523	0.9986	0.0524	48°	0.7431	0.6691	1.1106
4°	0.0698	0.9976	0.0699	49°	0.7547	0.6561	1.1504
5°	0.0872	0.9962	0.0875	50°	0.7660	0.6428	1.1918
6°	0.1045	0.9945	0.1051	51°	0.7771	0.6293	1.2349
7°	0.1219	0.9925	0.1228	52°	0.7880	0.6157	1.2799
8°	0.1392	0.9903	0.1405	53°	0.7986	0.6018	1.3270
9°	0.1564	0.9877	0.1584	54°	0.8090	0.5878	1.3764
10°	0.1736	0.9848	0.1763	55°	0.8192	0.5736	1.4281
11°	0.1908	0.9816	0.1944	56°	0.8290	0.5592	1.4826
12°	0.2079	0.9781	0.2126	57°	0.8387	0.5446	1.5399
13°	0.2250	0.9744	0.2309	58°	0.8480	0.5299	1.6003
14°	0.2419	0.9703	0.2493	59°	0.8572	0.5150	1.6643
15°	0.2588	0.9659	0.2679	60°	0.8660	0.5000	1.7321
16°	0.2756	0.9613	0.2867	61°	0.8746	0.4848	1.8040
17°	0.2924	0.9563	0.3057	62°	0.8829	0.4695	1.8807
18°	0.3090	0.9511	0.3249	63°	0.8910	0.4540	1.9626
19°	0.3256	0.9455	0.3443	64°	0.8988	0.4384	2.0503
20°	0.3420	0.9397	0.3640	65°	0.9063	0.4226	2.1445
21°	0.3584	0.9336	0.3839	66°	0.9135	0.4067	2.2460
22°	0.3746	0.9272	0.4040	67°	0.9205	0.3907	2.3559
23°	0.3907	0.9205	0.4245	68°	0.9272	0.3746	2.4751
24°	0.4067	0.9135	0.4452	69°	0.9336	0.3584	2.6051
25°	0.4226	0.9063	0.4663	70°	0.9397	0.3420	2.7475
26°	0.4384	0.8988	0.4877	71°	0.9455	0.3256	2.9042
27°	0.4540	0.8910	0.5095	72°	0.9511	0.3090	3.0777
28°	0.4695	0.8829	0.5317	73°	0.9563	0.2924	3.2709
29°	0.4848	0.8746	0.5543	74°	0.9613	0.2756	3.4874
30°	0.5000	0.8660	0.5774	75°	0.9659	0.2588	3.7321
31°	0.5150	0.8572	0.6009	76°	0.9703	0.2419	4.0108
32°	0.5299	0.8480	0.6249	77°	0.9744	0.2250	4.3315
33°	0.5446	0.8387	0.6494	78°	0.9781	0.2079	4.7046
34°	0.5592	0.8290	0.6745	79°	0.9816	0.1908	5.1446
35°	0.5736	0.8192	0.7002	80°	0.9848	0.1736	5.6713
36°	0.5878	0.8090	0.7265	81°	0.9877	0.1564	6.3138
37°	0.6018	0.7986	0.7536	82°	0.9903	0.1392	7.1154
38°	0.6157	0.7880	0.7813	83°	0.9925	0.1219	8.1443
39°	0.6293	0.7771	0.8098	84°	0.9945	0.1045	9.5144
40°	0.6428	0.7660	0.8391	85°	0.9962	0.0872	11.4301
41°	0.6561	0.7547	0.8693	86°	0.9976	0.0698	14.3007
42°	0.6691	0.7431	0.9004	87°	0.9986	0.0523	19.0811
43°	0.6820	0.7314	0.9325	88°	0.9994	0.0349	28.6363
44°	0.6947	0.7193	0.9657	89°	0.9998	0.0175	57.2900
45°	0.7071	0.7071	1.0000	90°	1.0000	0.0000	∞